国家出版基金项目
NATIONAL PUBLICATION FOUNDATION

从宝藏之地到国家公园

三江源"大猫谷"生态旅游特许经营试点社区影响研究

刘馨浓 著

北京大学出版社
PEKING UNIVERSITY PRESS

人与自然和谐共生行动研究 | Action Research on People and Nature | 丛书主编 吕植

图书在版编目（CIP）数据

从宝藏之地到国家公园：三江源"大猫谷"生态旅游特许经营试点社区影响研究/刘馨浓著. —北京：北京大学出版社，2023.5
（人与自然和谐共生行动研究. Ⅰ）
ISBN 978-7-301-33911-4

Ⅰ. ①从…　Ⅱ. ①刘…　Ⅲ. ①国家公园－特许经营－研究－青海
Ⅳ. ①S759.992.44

中国国家版本馆CIP数据核字（2023）第061437号

书　　名	从宝藏之地到国家公园——三江源"大猫谷"生态旅游特许经营试点社区影响研究
	CONG BAOZANG ZHI DI DAO GUOJIA GONGYUAN ——SANJIANGYUAN "DAMAOGU" SHENGTAI LÜYOU TEXU JINGYING SHIDIAN SHEQU YINGXIANG YANJIU
著作责任者	刘馨浓　著
责任编辑	黄　炜
标准书号	ISBN 978-7-301-33911-4
出版发行	北京大学出版社
地　　址	北京市海淀区成府路205号　100871
网　　址	http://www.pup.cn　　新浪微博：@北京大学出版社
电子信箱	zpup@pup.cn
电　　话	邮购部010-62752015　发行部010-62750672　编辑部010-62764976
印　刷　者	北京宏伟双华印刷有限公司
经　销　者	新华书店
	720毫米×1020毫米　16开本　13.75印张　205千字
	2023年5月第1版　2023年5月第1次印刷
定　　价	70.00元

研究团队

研究顾问 李迪华 吕 植 史湘莹 赵 翔

著作单位 山水自然保护中心

项目顾问 Terry Townshend 杨 锐

图片提供 Frédéric Larrey Terry Townshend

王怡了 徐 思 曾 长 卓 玛

自然体验接待家庭向导（匿名）

自然体验者（匿名）

资料翻译 白玛文次 达哇江才 更尕依严

加公扎拉 求尼旦土 仁青央忠

项目执行 李雨晗 李语秋 梁书洁 刘之秋

秦 璇 求尼旦土 索南扎西 王丹妮

王怡了 夏艺丹 卓 玛

支持单位

三江源国家公园管理局

杂多县人民政府

澜沧江源园区国家公园管理委员会

华泰公益基金会

北京大学自然保护与社会发展研究中心

阿拉善SEE三江源项目中心

目　　录

第一章

引言：当国家公园遇到自然体验

三江源位于青海省南部，地处青藏高原腹地，是长江、黄河、澜沧江的发源地，是我国淡水资源的重要补给地和高原生物多样性最集中的地区，也是亚洲、北半球乃至全球气候变化的敏感区和重要启动区。特殊的地理位置、丰富的自然资源、不可替代的生态功能使其成为我国重要生态安全屏障。三江源地区在全国生态文明建设中具有特殊的地位，关系到中国各地区的生态安全和中华民族的长远发展。

2015年12月，中央全面深化改革领导小组第十九次会议审议通过《三江源国家公园体制试点方案》（以下简称《试点方案》），三江源国家公园由此成为全国第一个试点的国家公园。2016年3月，中共中央办公厅、国务院办公厅印发《试点方案》，拉开了我国国家公园实践探索的序幕。2017年6月，青海省人大常委会通过并颁布《三江源国家公园条例（试行）》，为三江源国家公园建设提供法治保障。2018年1月，国家发展和改革委员会正式印发《三江源国家公园总体规划》，标志着三江源国家公园建设步入全面推进阶段。

为了更好地发挥国家公园全民共享的价值，实现休憩、教育、审美的生态服务功能，同时兼顾协调本地居民的生存与发展，三江源国家公园在昂赛乡率先开展了生态旅游特许经营试点探索。2018年8月，经澜沧江源园区国家公园管理委员会（以下简称"澜沧江源园区管委会"）授权，昂赛大峡谷自然体验项目（以下简称"昂赛自然体验项目"）启动，2019年3月通过三江源国家公园管理局审批，成为三江源国家公园第一批特许经营试点。昂赛自然体验项目试点的开展为我国国家公园体系建设提供了特许经营机制设计、管理以及评估方面的经验，通过开展基于社区的生态旅游，为保护包括雪豹在内的典型食肉动物提供了示范。

1.1 "宝藏之地"昂赛乡

昂赛乡——藏语意为"宝藏之地"（图1.1），位于青海省玉树藏族自治州杂多县东南部，在三江源国家公园澜沧江源园区核心保护区范围

(a)　　　　　　　　　　　　　　　　　　　(b)

图1.1　昂赛乡境内的自然景观。 (a) 深秋峡谷； (b) 一处雪豹活跃地带

内，也是三江源区域雪豹最重要的栖息地之一（肖凌云 等，2019）。

昂赛乡于1963年设立，行政区域总面积2412.3平方千米，下辖3个村民委员会（以下简称"村委会"）①，共设有12个村民小组。截至2018年末，全乡户籍人口为7314人（国家统计局，2020），其中，藏族居民占总人口的99%以上。畜牧业是昂赛乡经济的支柱产业（图1.2），当地居民饲养牲畜以牦牛为主，收入的主要来源为冬虫夏草（中华人民共和国民政部，2016）。

1.2　开展生态旅游特许经营对昂赛乡居民影响的探索

随着三江源国家公园特许经营体制机制探索的不断深入，以社区为基础的生态旅游特许经营试点也逐步积累了实践经验。为了解项目能否在推动社区参与自然保护方面取得预期成效，我们以昂赛自然体验项目为例，考察在三江源国家公园开展生态旅游特许经营活动对当地社区产生的影响，以评估基于社区的生态旅游作为生态保护和社区发展工具的有效性；同时为实现国家公园内管理权和经营权分离、有

---

① 杂多县人民政府办公室.昂赛乡概况（EB/OL）.（2021-11-03）[2022-08-30]. http://www.zaduo.gov.cn/html/1080/332922.html。3个村民委员会在文中分别以S村、N村、R村指代。

图1.2 以畜养牦牛和采挖虫草为主要生计方式的昂赛乡居民

效保护国家公园生态环境与自然资源、保障国家公园的公益性、促进三江源地区经济发展和社会进步提供理论支持。

2018年7月—2020年9月间，作为山水自然保护中心三江源国家公园试点项目成员，我们在青海省玉树藏族自治州杂多县昂赛乡开展了为期两年多的田野调查，对获得三江源国家公园首批特许经营权的昂赛自然体验项目的实施成效与社区影响进行了初步考察。我们运用质性研究中的扎根理论方法，通过参与式观察、半结构式访谈、焦点小组等调研方式对资料进行收集。研究结合多种工具，将质性研究与量化研究方法结合，通过访谈文本编码、叙事分析以及绘制当地居民的人际关系网络图等方法，对数据进行分析与处理。

我们对昂赛乡67户89名居民进行了深入访谈，其中包括：27名特许经营项目的直接参与者，即包括自然体验向导在内的接待家庭成员和自然体验项目社区管理员；51名非参与者；5名村社领导以及6名度假村经营者。通过入户访谈和焦点小组访谈（图1.3），集中考察接待家庭居民和非接待家庭居民在经济收入、迁居态度、

(a)

(b)

图1.3　社区调研过程。（a）前往居民家中进行半结构式访谈；（b）在工作站开展焦点小组访谈

社会与家庭关系、自然资源利用方式和保护态度变化等方面所展现的差异及原因，据此评估自然体验项目的开展对当地居民产生的影响，从而了解生态旅游特许经营试点的设立在推动国家公园生态保护与社区发展过程中所起到的作用。

2019年7月，我们对昂赛乡境内由牧户私人开设的未获特许经营权的旅游接待项目的运营情况开展了调查，为理解本地居民如何看待国家公园特许经营机制的建立给社区带来的机遇积累了直观的资料。根据2018—2019年间到访昂赛的191名、216人次自然体验者的预约报名信息，我们对来访者的客群特征进行了初步分析，为自然体验项目的社区影响评估提供了参考数据。此外，通过非正式访谈、发放反馈问卷、邮件回访和整理网站留言等方式，我们收集了30多名自然体验者对项目的评价与建议，并结合接待家庭成员的反馈意见，对自然体验项目开展过程中的突出事件进行了分析与解读，借此探讨了现有项目管理和社区参与模式中存在的问题以及可能的解决方案。

除针对自然体验访客和社区居民采用的问卷和访谈之外，我们还采取参与式观察的调研方式，通过入住接待家庭、跟随自然体验团队寻找动物等方式收集信息与素材，分别从体验者和向导的视角观察昂赛自然体验项目的开展对居民日常生活和价值观产生的细微影响。在征询社区居民对某一问题或事件的看法时，我们力图将访谈结果与观察案例相结合，以便对数据进行更具可靠性的分析和解释。为进一步了解项目所采取的社区自主管理模式与本地原有治理结构之间的相互作用，2018年12月—2020年8月间，我们协助昂赛乡政府与N村生态旅游扶贫合作社先后组织了五次接待家庭会议，参与了合作社成员对自然体验项目各项规章制度和管理措施的讨论与修改过程，在为研究收集背景资料的同时，也为后续开展深入评估积累了原始素材（评估研究框架见图1.4）。

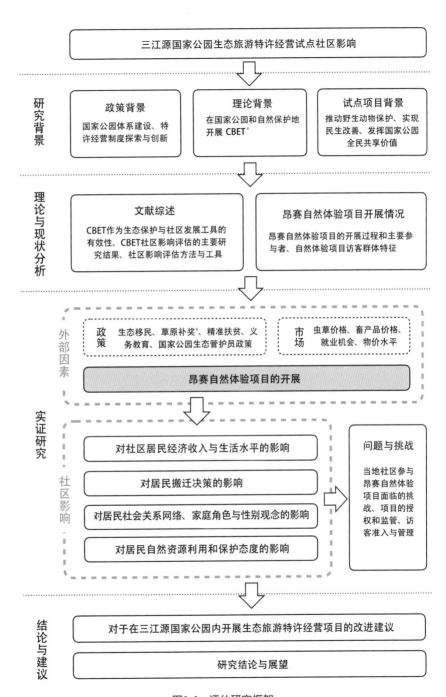

图1.4 评估研究框架

a. CBET: 基于社区的生态旅游; b. 草原补奖: 草原生态保护补助奖励政策。

第二章

他山之石：基于社区的生态旅游项目

社区影响研究

2.1　基本概念解析

2.1.1　国家公园与自然保护地

国家公园这一概念由美国艺术家乔治·卡特林最先提出。出于对当时美国的西部大开发给自然环境与印第安文明造成毁灭性破坏的担忧，卡特林呼吁美国政府制定保护政策，设立"国家的公园（Nation's Park）"，实现人与野生动物和谐共处的自然之美。1872年，随着美国黄石国家公园的建立，世界上第一个真正意义上的国家公园诞生。从19世纪至今，已有193个国家和地区相继建立了国家公园（杨锐 等，2015）。

在世界自然保护联盟（IUCN）提出的分类体系中，国家公园属于六类自然保护地中的Ⅱ类，定义为"为保护大尺度生态过程以及区域内的物种和生态系统特征而保留的大规模自然或近自然区域，并为与环境和文化相容的精神体验、科研、教育、娱乐和游览机会提供了基础"[①]。从严格意义上来说，国家公园是自然保护地的一种类型，但为了扩大影响力，国际自然保护领域一直使用"国家公园与自然保护地"的提法（杨锐 等，2015）。联合国环境署–世界自然保护监测中心（UNEP-WCMC）和IUCN于2012年共同发布的一项报告显示，截至2010年，全球保护地面积约占陆地总面积的12.7%，国家公园总面积约509万平方千米，占陆地面积的3.42%。

2013年11月，中国共产党十八届三中全会首次提出建立国家公园体制，标志着中国特色国家公园体制建设正式起步。2015—2017年间，我国国家公园体制试点工作陆续开展，设立了包括三江源、东北虎豹、大熊猫、祁连山在内的首批10处国家公园体制试点，涉及青海、吉林、黑龙江、四川、陕西、甘肃等12个省，总面积超过22万平方千米，约占我国陆域国土面积的2.3%[②]。2021年10月，包括三江源在内的首批5个国家公园正式挂牌成立。

---

① IUCN. IUCN Category II - National Park[EB/OL]. [2023-02-08]. https://biodiversitya-z.org/content/iucn-category-ii-national-park.

② 胡璐. 国家林草局：加快推进国家公园体制试点工作（EB/OL）.（2020-08-19）［2022-08-30］. http://www.gov.cn/xinwen/2020-08-19/content_5536006.htm）.

2.1.2　生态旅游

1972年，Myers在一项有关非洲地区国家公园的研究中指出：
"公园的生态需求必须与其周围的社会经济约束相平衡"，提出了
使旅游业服务于生态保护的设想（Myers，1972）。但直到20世
纪80年代，"生态旅游（ecotourism）"才作为正式术语被墨西
哥学者Ceballos-Lascurain首次提出。根据Ceballos-Lascurain
（1996）的阐释，生态旅游是指"对环境负责的、有启发性的旅
游，前往相对未受干扰的自然区域参观，以享受、欣赏自然及任何伴
随其中的文化特征和历史遗迹"。1987年，随着《布伦特兰报告：
我们共同的未来》的出版发行（Brundtland，1987），贫穷与生态
环境问题之间的紧密关联得到了全球范围的广泛关注，"可持续性"
成为炙手可热的词汇。从此，生态旅游正式进入大众的视野，并激发
了各国自然保护工作者的兴趣（Krüger，2005）。

除了最常被提及的"生态旅游"之外，以自然景观和生物多样性为
基础的旅游项目也常被表述为 "可持续旅游""自然体验""野生动物
观察""保护区旅行""绿色旅游"等。国际生态旅游协会将生态旅游
定义为"负责任地前往保护环境、维持当地人民福祉、涉及解说和教育
的自然区域旅行"（TIES，2015），但没有任何统一的表述能够充分涵
盖所有国家开展的生态旅游项目。在相关学术著作与案例研究中，生态
旅游通常是指一种以在自然环境中观赏野生动植物为主要目标，对自然
环境和当地文化影响较小，并且具有生态与经济可持续性的旅游项目。

国家公园和自然保护地是各国生态旅游项目开展的重要区域。
在为社会公众提供重要而独特的生态系统服务的同时，生态旅游项
目也能够为自然保护和当地经济发展创造大量资源。在一些国家和
地区，公园或保护地管理部门面临持续的经济压力，而发展生态旅
游项目可以帮助相关部门应对生物多样性保护方面所面临的资金短
缺问题（Vaughan，2000）。联合国将2002年设立为"国际生态
旅游年"，标志着生态旅游被视为乡村地区可持续发展的典范形式
（Butcher，2006）。

2.1.3　基于社区的生态旅游

20世纪80年代初，越来越多具有社会科学背景的研究人员和团体开始关注自然保护领域。有学者注意到，具有高度生物多样性的地区通常也是经济极度落后的乡村地区。尽管许多生态保护项目在开展初期取得了良好的保护成效，却将实施保护的成本转移给了当地居民（West et al.，2006）。如果政府为社区提供的补贴或提倡、推广的替代生计不足以弥补开展保护所造成的经济损失，则会将居民推向保护的对立面（Brockington et al.，2006）。在一些被划定为国家公园或自然保护地的乡村地区，传统的森林砍伐、狩猎以及大规模农业活动受到限制，居民原有的土地使用方式被迫改变。尽管采取了严格的监管措施，但违法盗猎和伐木事件却逐年增加（Krüger，2005；West et al.，2006）。而在另一些地区，保护地管理部门对人兽冲突的忽视，会促使居民敌视对农作物生长或家畜生存构成威胁的野生动物，并对其进行报复（Jackson et al.，2001；Mishra et al.，2003）。

与此同时，有学者在对发展中国家开展的生态旅游项目所进行的考察与评估中指出，在国家公园和自然保护区内建立可持续的旅游业，不仅关系到能否为相关管理部门创造可观的财政收入，实现生态保护目标，还关系到当地人如何维持或改变自己的生计方式与文化传统（Oldekop et al.，2016）。一些关注发展中国家生态旅游对社区影响的案例研究表明，忽视生态旅游对项目所在地社区发展前景的影响，很容易带来长期的生态与社会问题（Wardle et al.，2018；Weaver et al.，2007；Wondirad，2019）。

此后，随着自然保护区内居民的生存状况受到日益广泛的关注，基于社区的生态旅游（community-based ecotourism，以下简称"社区生态旅游"）开始被越来越多的保护工作者视为实现保护与发展的理想解决方案。人们普遍认为，开展社区生态旅游的重点，在于当地社区直接参与项目管理和运作（Vaughan，2000）。也有学者提出将"使保护目标通过创造经济效益来为自己买单"作为社区生态旅游的实施原则，使项目能够为社区居民带来奖励或利益，以弥补放弃对生态坏境具有破坏性的自然资源利用方式所造成的经济损失（Nilsson et al.，2016）。在理想情况下，社区生态旅游通过将生态价值直接转换为可持续的经济价值，将保护与生计联系起来，促使当地居民自发参与保护行动，在可持续的基础上，实现生物多样性保护与减少农村贫困两个目标。

截至20世纪90年代中期，美国国际开发署（USAID）已在全世界范围开展过105个与社区生态旅游相关的保护项目，总资助额逾20亿美元；在世界银行于1988—2003年期间资助的55个支持非洲保护区的项目中，有32个包含了社区生态旅游计划（Kiss，2004）。目前，社区生态旅游已被大多数国际保护组织视为支持生物多样性保护的重要手段和有力工具，在世界各地，特别是在发展中国家农村地区的保护项目中大力推广。

2.1.4　国家公园特许经营制度

中共中央办公厅、国务院办公厅于2017年9月印发的《建立国家公园体制总体方案》（以下简称《总体方案》）明确指出，国家公园是我国自然保护地最重要的类型之一，属于全国主体功能区规划中的禁止开发区域，纳入全国生态保护红线区域管控范围，实行最严格的保护。《总体方案》强调，国家公园的经营管理实行"特许经营管理"，"在确保国家公园生态保护和公益属性的前提下，探索多渠道多元化的投融资模式"。2019年6月，中共中央办公厅、国务院办公厅印发了《关于建立以国家公园为主体的自然保护地体系的指导意见》，也将"制定自然保护地控制区经营性项目特许经营管理办法，建立健全特许经营制度"列为自然保护地建设发展机制的创新举措之一，并提出"鼓励原住居民参与特许经营活动，探索自然资源所有者参与特许经营收益分配机制"。

特许经营区别于一般经营的特点：首先，在于自然保护地内资源的利用以不影响保护为前提，特许经营的竞争主体受到特许人的限制，从而避免了自由准入的市场竞争所导致的过多利用；其次，特许经营通过一定的收益分配机制将经营收入返还给特许主体，从而为原住居民、国家公园的运营等提供收益来源（史湘莹，2022）。

根据特许人、受许人特征以及管理与实施方式的不同，特许经营可以分为商业特许经营（franchise）和政府特许经营（concession）两种。商业特许经营泛指给予或授予一般的商业专营权的特别许可，形式多样，涵盖范围较大；与商业特许经营相比，政府特许经营强调事物或资源的所有者授予或售予他人使用或经营的权利（张晓，2008）。国家公园特许经营属于政府特许经营范畴，是指国家公园管理机构通过合同签订等方式，依法授权特定主体在政府管控下开展规定期限、性质、范围和数量的非资源消耗性经营活动（张海霞，2018）。建立良好的国家公园特许经营制度，可以提高资源利用效率、保障社会公共利益，并为在国家公园内开展生态保护吸引来自社会的资金支持。

美国、澳大利亚和日本等国家设立国家公园特许经营的基本目的，是在实施保护的基础上，为访客欣赏和游览国家公园提供必要服务，并为国家公园提供部分运营经费。在本地社区参与特许经营方面，美国由内政部和国家公园管理局作为管理部门，确定并监管特许经营受许人，对于受许人没有身份上的要求——通过竞争性选择程序的个人、公司等实体均可。美国在法案中强调了鼓励印第安人或阿拉斯加原住民参与特许经营的条款。澳大利亚的国家公园大部分属于原住民所有的联邦保护地，因此，规定特许人为联邦保护地原住民土地委员会，成员必须由保护地土地的传统所有者提名，但受许人并没有身份上的要求（陈朋 等，2019；史湘莹，2022）。

现阶段，我国国家公园尚未建立起完善的特许经营制度，国内学术界对国家公园特许经营的探讨大多在法律法规和管理机制的框架内进行。有研究者总结了国外国家公园的特许经营管理体系对建立我国国家公园特许经营制度的借鉴意义（安超，2015；白宇飞，2010；赵智聪 等，2020），对于社区参与国家公园特许经营的价值和路径进行了探讨（陈涵子 等，2019）。有学者指出，直至21世纪初，我国生态旅游项目的社区参与程度仍然较低，有22.7%开展旅游的保护区周边农户并没有从生态旅游中获得收益，进一步激化了保护和发展的矛盾（苏杨，

2004）。也有研究者通过对国内外国家公园特许经营制度的对比研究，提出了我国国家公园特许经营中存在的其他问题与挑战（陈朋 等，2019；张海霞 等，2019），并提出处理好授权特许经营的管理部门与受许人之间的关系，是完善特许经营制度的关键所在。

2.2　在国家公园和自然保护地开展基于社区的生态旅游

2.2.1　生态旅游作为环境保护和社区发展工具的有效性

　　尽管在国家公园和自然保护地内开展生态旅游的目标非常明确，但此类项目能否在促进环境保护和社区发展的过程中起到实际作用，学界一直存在广泛争议。

　　支持者认为，生态旅游的开展为在生物多样性丰富地区生活的人们提供了直接而有效的经济激励，减少了社区居民对野生动植物的开发和利用，成功阻止了野生动物种群数量的降低或植被退化（Hunt et al.，2015；Nilsson et al.，2016；Svoronou et al.，2005）。一些积极推动项目发展的国家公园和自然保护区管理部门表示，生态旅游可以在一定程度上缓解高昂的保护成本带来的资金压力，同时也为进一步开展保护行动争取到了经济与社会支持，给地区生态保护和可持续发展做出了重要贡献（Binns et al.，2002；Lindberg et al.，1996；Snyman，2012）。

　　在此基础上，有学者提出生态旅游可以同时具备良好的经济效益和生态可持续性。Kirkby等（2010）在一项有关秘鲁亚马孙地区土地利用方式的研究中，核算了不同生计模式的成本与收益，发现与传统农业、畜牧业和森林砍伐带来的利润相比，生态旅游无论对个人还是社会而言，都具有更高的经济价值。而且生态旅游通过取代传统伐木业带来了惊人的碳封存效益，也为环境保护做出了巨大贡献。作者在文中表达了对在保护地社区开展生态旅游的乐观看法，指出凭借经济激励，项目可以在维护生态系统的完整性方面取得良好的效果。

也有学者对生态旅游项目能否取得预期成效持质疑态度，认为其在环境保护和社区发展中扮演的角色难以证实（Kiss，2004；Wall，1997；Wardle et al.，2018）。自20世纪80年代末起，在生态旅游刚开始受到西方自然爱好者的关注与追捧时，就有研究者通过实地考察，指出了一些广受推崇的生态旅游项目背后存在着对于环境的负面影响，其中包括酒店和旅馆等服务设施排放生活废水、游客在徒步过程中丢弃垃圾造成土地和水源污染（Karan et al.，1985），道路与堤坝建设打破水文平衡，致使周边森林遭到毁坏（Savage，1993）等。Wardle 等（2018）通过对相关领域已发表文献进行系统性回顾，总结了生态旅游对环境保护所做的积极贡献，同时也指出，尽管在微观层面上取得了成功，但在更大范围内，生态旅游对保护的影响仍不明确。

与此同时，一些研究者从社会福利的角度衡量，认为生态旅游对社区经济发展的促进作用也十分有限。有学者提出了谨慎的观点，即生态旅游难以在取得保护成果的同时实现整体发展目标，大多数项目只能为少数人提供利益（Butcher，2011）。还有案例表明，尽管生态旅游可以为社区创造经济效益，但难以为保护区管理提供财政支持（Lindberg et al.，1996）。Kiss（2004）在研究中指出，许多被誉为成功案例的社区生态旅游项目实际上几乎没有改变当地居民现有的土地和资源利用方式，只是对传统生计的一种适度补充。作者认为，社区生态旅游对于环境保护和当地经济发展的贡献，受到项目开展范围小、参与人数少、收入有限等因素的限制。如果需要在更大范围内实现保护效益，生态旅游不太可能成为一种有效工具。

另一些学者则对此抱有更为消极的看法，认为在保护地开展的生态旅游仅仅是大众旅游的营销手段之一。持有这一观点的研究者将视角对准了生态旅游中的消费环节，将生态旅游与大众旅游的特征和性质进行了对比（Carrier et al.，2005），或对参与这两类活动的旅游者前往目的地的动机、价值观和消费实践展开分析（Sharpley，

2006），称生态旅游 "对环境负责" 和 "支持当地社区" 的说法大多只停留在宣传层面——即便项目在开发过程中充分考虑并严格遵循生态保护的需求，但在实际运营过程中，也无法界定哪些游客是遵守规定的生态旅游者，哪些游客只是闯入自然环境和当地居民生活场所之中的不负责的消费者。

　　对生态旅游最为激烈的反对意见出现在以当地居民为主要考察对象的研究中。有学者认为，来自发达国家的援助者在发展中国家所开展的社区生态旅游项目，作为一种新殖民主义手段，给项目地社区带来了极其恶劣的经济、社会与文化影响。其中包括剥夺原住民的领土和资源（Devine，2017；Loperena，2017），通过改变居民原有的文化信仰、政治地位和身份认同等方式进行 "破坏性创造"（Devine et al.，2017），不当投资模式和伙伴关系的建立让社区对外部政治与经济环境产生严重依赖（Manyara et al.，2007）。而生态旅游给当地社区带来的商品化后果（Carrier et al.，2005；Devine，2017；King et al.，1996）及其在环境与人、外来游客和本地居民之间缔造的不平等的权力关系（Devine et al.，2017；Mosammam et al.，2016）也成为被研究者广泛探讨的主题。

　　此外，有学者对生态旅游项目发展和研究过程中广泛存在的 "以西方为中心" 的思维模式进行了批判。Cater（2006）认为， "以自然为基础的生态旅游" 这一概念的构建源于西方意识形态，在与发展中国家社区居民合作开展生态旅游的过程中，采用植根于西方文化、经济和政治进程的方法，只会加剧它试图解决的不平等现象。还有研究者指出，社区生态旅游利用来自发达国家旅游者的喜好和期待，以西方价值观重塑了当地的自然与文化——在新自由主义市场观念的大举进攻下，不符合西方游客想象的复杂社会结构和文化内涵被抹杀，代之以简单淳朴的原住民形象（West et al.，2004）。在一项关于非洲民众对以 "战利品狩猎（trophy hunting）" 为主要形式的生态旅游活动的民意调查中，研究者利用社交媒体追踪了非洲互联网用户围绕相关话题的讨论内容，认为西方精英在消耗型生态旅游项目中对野生动物资源的利用形式，让生活在非洲和散居海外的非洲人民重温了殖民地历史的景象和创伤（Mkono，2019）。

不可否认的是，无论支持还是反对，在围绕生态旅游所开展的广泛研究中，大部分公开发表的学术论文仍然出自接受西方教育体系的观察者之笔。在他们代替研究对象表达看法的过程中，仍有可能无法避免地将自己试图脱离的"西方价值观"代入其中。尽管有学者做出了一系列尝试打破西方中心视角的努力，例如，对项目地居民的参与意愿进行全面而深入的调查（Nault et al.，2011），试图了解不同文化背景与社会环境如何影响社区参与的形式和过程（Mayaka et al.，2018），但来自社区的声音仍然显得微弱——他们讲述的故事往往经过了多方转译，甚至掩盖了最初所要传达的意图。很少有项目地居民作为理论与方法的提供者直接参与研究，以亲身经历去评价生态旅游在环境保护与社区发展中所发挥的作用。

2.2.2　社区生态旅游影响评估的主要类型与方法

Wondirad（2019）通过对既有文献的考察，根据研究主题将与生态旅游相关的出版物分为三个阶段，揭示了该领域研究趋势的有趣变化。第一阶段（1993—1999），出版物专注于对生态旅游概念和定义的探讨；第二阶段（2000—2010），研究主题开始呈现复杂性和多样性，出现了对生态旅游的批评与赞扬；第三阶段（2011—2018），研究者更加注重考察生态旅游在实现环境保护和社会文化目标方面的有效性。正是在这一阶段，涌现出了大量针对社区生态旅游影响的评估。有学者发现，社区生态旅游影响评估的研究地点大多集中在发展中国家，研究人员则主要来自发达国家的科研机构或院校，研究资金多来源于项目所在地区的政府管理部门、承包生态旅游运营的外来公司以及致力于促进环境保护和提高社区福利的各类国际组织和基金会，研究内容涵盖生态环境、经济发展、社会文化、市场前景、法律法规与政策机制等各个层面（Krüger，2005；Weaver et al.，2007）。其中，环境影响和社区影响是社区生态旅游影响评估最集中的两个主题。

作为社区生态旅游影响评估的一大主题，环境影响评估被视为社区生态旅游相关研究中最具广泛性和科学严谨性的领域，最早的文献可以追溯到20世纪70年代末（Goodwin，1996）。研究者通过聚焦于特定物种或环境特征，考察生态旅游的开展对当地环境与生物多样性产生的影响。环境影响评估的研究对象包括野生动植物、土壤、水源以及生态系统的宏观层面。前者侧重于观察生态旅游对单一物种产生的影响，一般以当地生态系统中的旗舰物种为主。珍稀鸟类、濒危两栖类动物、富有魅力的哺乳动物和顶级食肉动物是最常被研究者选取的监测对象（Ardiantiono et al.，2018；Argüelles et al.，2016；Larm et al.，2018；Macdonald et al.，2017；McKinney，2014；Mossaz et al.，2015；Nevin et al.，2005；Sheehan et al.，2019），也有研究将昆虫作为评估生态系统健康程度的指示物种（Noriega et al.，2020）。在土壤和水源监测中，研究者通过分析采集样品的物理和化学参数，或根据对指示物种的调查，来确定生态旅游项目地的土壤侵蚀、水质污染和植被退化程度（Obua，1997）。而宏观生态系统评估则重点考察可观测的地理景观变化，研究者通过栖息地破碎化程度、野生动物活动痕迹的改变、植被覆盖率变化、垃圾与废水排放量或防洪固碳效果来考察生态旅游对环境的整体影响（Boley et al.，2016；Karan et al.，1985；Savage，1993）。

　　社区生态旅游环境影响评估按照采用的方法可分为直接监测、间接评估与综合方法。直接监测也称为"硬科学路径（hard scientific path）"，即对野生动植物的种群数量、密度、分布情况或行为习惯进行数据收集与分析。具体监测方法和工具视研究对象的类别与栖息地特征而不同，包括用于描绘种群迁徙路径的卫星遥感数据分析（Hammerschlag et al.，2012），针对鸟类的定点观测（Lee et al.，2017），针对两栖类动物的陷阱诱捕、地理位置追踪和体型测量（Ardiantiono et al.，2018；French et al.，2017），针对灵长类和大型哺乳动物的行为观察、实验刺激、痕迹追踪和通过粪便取样进行的食性分析（McKinney，2014；Nevin et al.，2005；Sheehan et al.，2019；Zhou et al.，2013），以及用于监测海洋动物行为方式和活动轨迹的激光测距、诱饵式远程水下视频系统和被动声学监测等

（Argüelles et al.，2016；Bradley et al.，2017）。

与"硬科学路径"对应的"软科学路径（soft scientific path）"则是借助社会学方法对生态环境影响进行间接评估——通过收集项目地社区居民、生态旅游者、相关专家对环境变化的看法，或考察居民对自然资源保护和利用态度的变化，从侧面评估生态旅游项目对环境产生的影响。研究者通过问卷、访谈和德尔菲专家调查法等方式进行数据收集，并结合生态旅游运营方提供的访客信息、经济收益等二手数据开展评估（Larm et al.，2018；Mossaz et al.，2015；Spenceley，2005）；还有研究者提出基于生态旅游者的交通轨迹、行为习惯以及航空铁路公司和项目地周边住宿、餐饮、零售业的销售数据，对"旅游生态足迹"进行测算的评估方法（Hunter，2002）。综合方法融合了直接监测和间接评估两种方式，以实现结果的相互验证（Lonn et al.，2019）。此外，有学者在回顾既有案例研究结果的基础上，尝试对环境影响评估框架进行梳理，并将对环境产生积极影响、消极影响和存在争议的生态旅游机制进行分类评述（Buckley，2009；Wardle et al.，2018）。

社区影响是社区生态旅游影响评估的另一大主题。截至2019年，有关项目地社区的研究在与生态旅游相关的英文出版物中占比约为14.8%（Wondirad，2019）。个案研究和比较研究是社区影响评估的两种主要形式。个案研究通常以参与生态旅游项目的单个社区为主要研究对象，考察项目的开展对社区居民经济收入、社会结构、生活方式、价值观和环境保护态度等各个方面的影响（Ashok et al.，2017；Lonn et al.，2018；Mehta et al.，1998；Ormsby et al.，2006；Waylen et al.，2009；Wallace et al.，2008）；比较研究则是通过实地调研或文献回顾的方式，对在同一地区开展的社区生态旅游和传统旅游项目、不同地区开展的同类社区生态旅游项目，或者以不同形式参与同一个项目的多个社区之间进行对比，从而了解社区生态旅游和其他旅游项目对社区所产生的不同影响，或社区生态旅游项目的开展与项目地特定社会文化特征以及不同社区参与形式之间的相互作用（Ashley et al.，2002；Nyaupane et al.，2004；Snyman，2014a，2014b；Stem et al.，

2003b；Walter et al.，2012；Wang et al.，2018）。

在社区生态旅游的社区影响相关研究中，最常被采用的调研方式是参与式观察、半结构式访谈和焦点小组（Amati，2013；Stone，2015；Reimer et al.，2013）。也有研究者借助来自利益相关方提供的二手数据进行分析，但这种方式通常是作为研究的辅助手段，因为仅采用项目运营方或管理部门提供的资料作为数据来源的案例研究，其结果的可信度常被学界质疑。在数据分析过程中，扎根理论的文本编码和叙事分析是常被研究者采用的方法（Mkono，2019；Mura，2015）。通过对访谈文本中的关键概念与高频词汇进行解构、编码和分类，将对话和叙事转化为可供分析的数据，最终抽样出具有普适性的理论（卡麦兹，2009）。此外，还有学者在实证研究过程中开发了一系列测量社区参与或赋权水平的工具与模型（Mendoza-Ramos et al.，2018；Scheyvens，1999；Stronza，2005；Tran et al.，2014）。借助这些调研方法和分析工具，研究者得以将质性研究方法与量化研究方法相结合。

除环境影响和社区影响之外，访客群体也是社区生态旅游影响评估的重要研究对象之一。进行访客影响评估的目的通常有两类：一类是验证社区生态旅游项目的开展是否起到了促进公众参与保护的作用，具体评估内容包括参与生态旅游活动对访客环境保护态度和行为意向的影响（Beaumont，2001；Lee et al.，2005）、访客在活动参与过程中接受自然教育的方式与内容（Walter et al.，2012）、访客的特征及其与当地向导的互动方式对保护信息传播效果的影响（Peake et al.，2009）等；访客影响评估的另一类目的则是根据访客参与社区生态旅游的体验和满意程度对项目进行优化，包括以提升产品和服务内容为导向的访客偏好调查（Zong et al.，2017）、访客对生态旅游项目带来的社会经济和环境影响的看法与其满意度之间的关联（Baral et al.，2012）等。

还有一个常在研究中出现的主题是社区生态旅游对于项目地所在的国家和地区经济产生的影响（Gunter et al.，2017；Lindberg et al.，1996；Mayer，2014；Saayman et al.，2006）。与针对项目地居民收入状况进行的社区经济影响评估相比，区域经济影响评估涵盖的地理范围更广，涉及部门众多，研究目的在于评估社区生态旅游作为地区生态保护和发展策略的有效性，即能否实现为国家公园和保护区管理提供财政支持，或通过促进地区经济发展获得社会支持的政策目标。研究范围通常包含了国家公园周边多个村落和门户乡镇，甚至涵盖访客为前往目的地途经的大中型城市。通过比较参与生态旅游项目运营管理的各相关部门的财政支出与收益数据，结合对访客消费模式进行的分析，来了解生态旅游及其相关产业链对于国家或区域经济的整体贡献，以及生态旅游给项目地周边地区经济发展带来的乘数效应或国家公园内社区的收益漏损情况。

社区生态旅游影响评估还涉及社区生态旅游项目本身的开发策略和管理运营制度，评估对象涵盖了包括项目定价标准、收支状况在内的财政管理措施（Eagles，2002；Walpole et al.，2001a），生态旅游特许经营授权制度（Wyman et al.，2011），项目管理条例实施情况与游客监管措施的有效性（Howes et al.，2012），项目开展规模、运营状况和发展潜力（Che，2006；Mgonja et al.，2015；Tseng et al.，2019），以及社区生态旅游面对气候变化等外界挑战的适应性和恢复能力（Jamaliah et al.，2018；Jamaliah et al.，2019）等。此类多数是由当地政府部门或项目运营机构委托进行的专项评估，旨在提高项目管理水平，优化其创造的社会经济效益。

2.3　社区生态旅游的社区影响评估的主要研究结果

随着世界各地国家公园和自然保护地建设理念的不断革新，社区居民已不再被视为保护目标的威胁。针对生态旅游的讨论也脱离了环境保护和经济发展的单一语境，被注入了更多人文关怀色彩。越来越多的学者将社区参与和赋权视为实现生态旅游可持续发展的关键因素（Krüger，2005；Cole，2006）。一方面，有研究指出，社区参与生态旅游有助于减轻旅游业给生态环境带来的负面影响，特别是在有濒危野生动物、生态环境脆弱的保护区（Jacobson et al.,1992）。
同时，建立良好的社区参与模式可以提高当地的治理水平，并起到促
进社会稳定的作用（Abel，2003）。另一方面，来自非洲和中美洲
等地的失败案例则表明了忽视社区参与所带来的包括生态退化和社会
动荡在内的严重后果（Loperena，2017；Manyara et al.，2007；
Wondirad et al.，2020）。

2.3.1　社区生态旅游对居民经济收入、生计与就业的影响

生态旅游项目的开展给国家公园和保护地内社区居民经济收入、
生计与就业带来的影响，对于项目能否实现可持续发展起着至关重要
的作用，几乎所有生态旅游社区影响评估都涉及收入与就业层面。其
中一类评估将社区全体居民作为研究对象，探讨了生态旅游项目对社
区经济的整体影响。

在生态旅游给社区经济发展带来的正面效应中，被提及最多的
是项目为社区创造就业机会，增加居民收入（Hunt et al.，2015；
Lindberg et al.，1996）。来自秘鲁亚马孙地区、中国卧龙自然保护
区和非洲博茨瓦纳、马拉维和纳米比亚的研究案例表明，生态旅游的
开展可以为社区带来显著的经济效益，降低贫困率（Kirkby et al.，
2010；Liu et al.，2012；Snyman，2012）。在印度卡齐兰加国家
公园（Kaziranga National Park）和厄瓜多尔库亚贝诺野生动物保
护区（Cuyabeno Wildlife Reserve）开展的生态旅游项目，则为居
民提供了稳定的生计保障和社会福利（Das et al.，2016；Wunder，
2000）。来自中国台湾地区的案例研究探讨了生态旅游通过提升居民
消费需求，给社区经济带来的乘数效应（Hsu，2019）。此外，还有
学者发现，生态旅游对于经济增长和贫困率降低的促进作用有助于解决
当地社区所面临的严重社会问题。在南非夸祖鲁–纳塔尔（KwaZulu-
Natal）和西开普（Western Cape）省的贫困地区，历史上欧洲殖民
者实施种族隔离所遗留下来的歧视和不平等现象随着项目的开展得到了
缓解（Binns et al.，2002）。

　　与之相对，社区生态旅游的开展也有可能给社区经济带来负面影响，包括使社区产生对外部资金的严重依赖（Kiss，2004；Manyara et al.，2007），增加当地经济的脆弱性，扩大市场波动给社区带来的经济风险（Stem et al.，2003b）等。Walpole 等（2000）在一篇关于印度尼西亚科莫多国家公园（Komodo National Park）生态旅游社区经济影响的研究中指出，生态旅游项目的发展需要大量投入，由于社区缺乏资金，外部企业的参与不可避免，而这有可能损害当地人掌握与挖掘环境潜在价值的能力。此外，生态旅游给当地居民提供的就业机会因项目特点和社区能力而有所不同——从建筑工人、服务员、保洁员等低技术性岗位，到包括导游、解说员、船长在内的高技术性岗位，在少数情况下，项目管理人员也可能由社区居民担任。而生态旅游提供的就业机会通常是以参与者的现有能力为基础的，对于缺乏技能的社区居民而言，就业机会十分有限。

　　来自印度尼西亚科莫多国家公园、乌干达布温迪国家公园（Bwindi Impenetrable National Park）和尼泊尔境内生态旅游案例的研究揭示了社区生态旅游开展过程中可能存在的收益漏损现象（Sandbrook，2010；Walpole et al.，2000；Zurick，1992）。旅游收入通过"服务进口"（包括从外地雇用司机、翻译，租用车辆等）和"货物进口"（包括与旅游业相关的设施器械、食品和日用品等）的方式流向其他地区，使得社区与周边发达城镇之间产生了更大的经济差异，甚至加重了城市与乡村的两极分化。此外，还有研究表明，尽管可以为部分参与者带来短期利益，但从经济可持续性的角度衡量，生态旅游的项目收益难以覆盖其成本（Cobbinah et al.，2017；de Haas，2002；Lindberg et al.，1996；Kiss，2004；Salafsky et al.，2001；Vaughan，2000；Walpole et al.，2000）。

　　另一类评估则将视角对准了社区内部，关注社区生态旅游项目的开展对个人收入与家庭经济产生的差异化影响。已有诸多研究证实了生态旅游发展给参与者带来的正面影响。针对尼泊尔生态旅游项目地社区的一项调查显示，与非参与者相比，参与生态旅游项目的家庭消费水平显著提高，生活条件优于社区内其他居民（Yergeau，

2020）。而在非洲南部国家的农村地区，生态旅游带来的额外收入也使得参与者有更多资金用于商业投资和子女教育（Snyman，2012）。但与此同时，也有研究指出，一些地区的生态旅游项目为社区居民提供的就业机会有限（Bookbinder et al.，1998；Kiss，2004）、社区参与范围小（Shoo et al.，2013）、旅游收入在家庭总收入中占比较低（Lonn et al.，2018；Shoo et al.，2013）。在一项针对越南菊芳国家公园（Cuc Phuong National Park）的案例研究中，作者调查了转型从事生态旅游的社区居民为实现保护目标所承担的代价，发现作为原有消耗型生计的替代方式，生态旅游带来的微薄收入无法抵消居民放弃传统农业和伐木业所造成的经济损失（Rugendyke et al.，2005）。

　　还有学者围绕生态旅游项目参与者之间收益分配不均的程度及其带来的负面社会效应进行了探讨。一项针对柬埔寨湛卜克生态旅游项目（Chambok eco-tourism）的社区经济影响调查显示，在从事生态旅游的社区成员之间，来自旅游项目的收益不平等程度远远高于其他收入来源（Lonn et al.，2018）；伯利兹狒狒保护地（The Community Baboon Sanctuary in Belize）、印度尼西亚科莫多国家公园和中国秦岭国家级自然保护区的案例表明，生态旅游项目的开展可能在不同程度上加剧社区内部的贫富差距，使当地居民对保护区管理机构和政府部门产生不满（Alexander，2000；Ma et al.，2019a；Walpole et al.，2001b）。而一项在南非克鲁格国家公园（Kruger National Park）园区内及周边社区进行的研究显示，在人口稠密的农业社区，由旅游公司运营的社区生态旅游项目能给少数直接参与者带来可观的经济利益，但对于社区内大部分居民家庭经济状况的改善没有产生任何实质帮助（Spenceley et al.，2007）。

　　综上所述，生态旅游对于社区经济发展的整体贡献与项目规模、资金来源、社区与外部企业的合作模式以及当地产业结构等社会经济环境特征紧密相关，对于家庭和个体经济收入的影响则受到社区内部权力结构、人口规模和原有劳动性别分工等因素的制约。评估结果与研究者采用的观察视角和调查方式也存在显著关联。如果以政府和企业提供的财务报表、收支记录，以及面向生态旅游访客或社区居民的大规模问卷调查作为主要数据来源，采用宏观的社会经济学方法进行分析，通常可以得到具有倾向性的明确结论；但当研究者将目光投向社区内部，长期跟踪居民参与项目的过程，以实地调研的方式评估参与生态旅游对个体和家庭产生的经济影响，则更有可能观察到正面与负面交叉的双向效应。

2.3.2   社区生态旅游与社区权力结构的相互作用——社区参与和赋权

生态旅游项目的社区参与存在着诸多不同形式。在世界各地的社区生态旅游案例中，较为普遍的社区参与模式是本地居民受雇于运营方（Snyman，2014b；Walpole et al.，2001b；Novelli et al.，2006），其他社区参与形式还包括：居民代表参与项目决策（Mayaka et al.，2018）；基于社区的企业或合作社作为项目运营主体，与其他经营团体开展合作（Manyara et al.，2007；Stone et al.，2011）；由当地居民自主发起项目并筹集资金，仅邀请外部机构提供技术支持（Sakata et al.，2013）；上级管理部门统一征用土地，向当地居民支付补偿金（Wang et al.，2019）等。Wunder（2000）在对厄瓜多尔库亚贝诺野生动物保护区生态旅游项目的实证研究中，比较了不同社区参与模式给当地经济发展和保护成效带来的影响，发现对于生态旅游给当地居民带来的收入份额，社区参与模式并未产生决定性作用，却可以影响经济利益作为保护激励措施的有效性——只有当社区参与模式改变了当地社会原有的劳动分工和土地分配方式时，才会对保护成效产生影响。

社区参与形式不仅在不同的生态旅游项目中有着显著差别，即便在同一个项目里，不同利益相关者对社区参与程度的界定也可能存在分歧。作为运营主体，与社区合作开展旅游项目的私营企业和外部机构通常将雇用一定比例的本地居民视为良好社区参与的象征；当地政府部门则倾向于将居民收入在项目总收益中所占的份额作为衡量社区参与程度的参考指标；而居民对于项目发展的期待却可能建立在拥有自主决策权的基础上（Mayaka et al.，2018；Stronza，2005；Wang et al.，2019）。

　　由于社区参与所具有的多样性特征，有学者对生态旅游项目的社区参与程度和赋权水平进行了量化。各类测量工具与评估模型在这一过程中应运而生，包括衡量社区参与程度的"参与阶梯"（Stronza，2005），测量社区赋权和去权水平的"赋权轮"（Mendoza-Ramos et al.，2018）与"赋权框架"（Scheyvens，1999；Tran et al.，2014），以及衡量社区能力的一系列相关指标（Laverack et al.，2007）。在此基础上，还有研究者结合具体项目的开展经验，提出了提高社区参与程度和赋权水平、促进社区能力建设的基本原则与实践方法（Garrod，2003；Knight et al.，2016；Laverack et al.，2007）。

　　与此相关的质性研究则揭示了居民参与程度和社区权力结构之间的复杂关系。在一项针对泰国北部清莱府（Chiang Rai Province）社区生态旅游开展的研究中，调研者通过观察居民在村级会议中进行决策和讨论的过程，发现村庄治理结构对社区居民参与旅游业的方式具有关键影响。在传统等级社会中，居民在生态旅游项目中的参与程度不具备自由选择的空间，而是与个人的社会地位有关——在旅游业发展过程中扮演的角色往往是由他们的财产水平、社会关系以及对公共资源的支配权力所决定的（Palmer et al.，2018）。

　　此外，生态旅游的社区参与和赋权过程也同样会对当地权力结构产生影响。一项针对马达加斯加安卡拉那保护区（Ankarana Protected Area）生态旅游业的研究显示，受资助的社区通过提供有组织的旅游服务得到了快速发展，但与此同时，资源的过度倾斜却致使临近社区被边缘化，增大了当地社会中原有的阶层差异（Gezon，2014）；在泰国清迈府湄刚隆村（Ban Mae Klang Luang）以市场为主导的生态旅游项目开展过程中，权力的过度下放加剧了村庄的不平等和个人主义，造成了成员间的紧张关系（Youdelis，2013）。但也有案例展现出了积极的结果，荷兰博奈尔岛（Bonaire island）生态旅游业的发展填补了当地社会生产等级的中间位置，使得岛屿内的经济与社会体系向着更为稳定的方向转变（Abel，2003）。

还有研究者考察了生态旅游与当地社会资本之间的互动关系。Jones（2005）在对冈比亚图玛尼·腾达（Tumani Tenda）生态旅游项目的研究中指出，高水平的社会资本有助于生态旅游项目的开展，但不当的生态旅游经营模式也可能反过来损害社会资本——结构性社会资本也许会随项目规模的扩大而增加，但认知性资本却可能在这一过程中逐步降低。中国广东省罗浮山省级自然保护区和南昆山国家森林公园的社区生态旅游案例表明，社会资本在经济激励与保护行为之间起到了桥梁作用，高水平的社会资本，特别是认知性资本，有助于居民通过参与生态旅游项目提高保护态度与行为（Liu et al.，2014）。Wearing 等（2020）通过回顾已有文献，探讨了生态旅游是如何作为一种新的社会资本形式，通过与社区居民和其他利益相关者合作实施保护政策，对森林气候变化挑战倡议做出有力回应的。

与此同时，有学者站在环境和社会可持续发展的角度，指出过分强调社区参与和赋权同样会带来弊端。Fennell（2008）在一篇文章中驳斥了生态旅游学术研究将合理有效的生态管理模式作为传统社会固有特征的普遍信念："生物学家、考古学家和人类学家的证据表明，传统社会难以通过可持续的方式管理资源，过度利用才是常态。"Southgate（2006）则在一项针对肯尼亚社区生态旅游项目的研究中指出，"社区"一词创造了一种同质性概念，造成了人们对社区内复杂权力关系的忽视，这可能使得社区精英成为新的剥削者，加剧了当地资源控制与分配的不平等。

通过对上述文献的回顾可以看出，深入而有效的社区参与是生态旅游项目能否成功开展的重要因素。但对社区参与程度及有效性的衡量，则需要综合项目各利益相关方的视角。此外，本地居民对资源的过度开发利用、利益的不平等分配、外部资本过度介入和本地经营者的商业垄断行为，则是促进社区参与和赋权过程中需要警惕的陷阱。

2.3.3　社区生态旅游与居民性别观念建构——女性参与和赋权

有学者在对生态旅游社区参与程度开展调查的过程中，注意到居民参与存在着显著的性别差异：在一些农村地区，女性参与项目的人数和程度远远低于男性（Stronza，2005；Tran et al.，2014）。而生态旅游在给当地居民家庭经济状况带来改善的同时，却有可能将生计转型的代价转移给了家里的女性（Stronza，2005；Lenao et al.，2016）。Stronza（2005）在对秘鲁亚马孙茵菲诺（Infierno）社区生态旅游进行的人类学考察中发现，参与项目的社区男性成员从事农业和其他生产活动的时间受到了限制，其女性亲属则接替他们成为家里的主要劳动力。许多妇女在丈夫和儿子从事导游工作之后，同时承担了农业生产、家务劳动和照顾年幼子女的责任，原本有限的休息时间被进一步剥夺。

考虑到当地社会在劳动生产过程中存在的性别分工现象，一些生态旅游项目在开展之初就积极推动女性参与（Scheyvens，2000；Tran et al.，2014）。世界自然基金会（WWF）在希腊东北部森林保护区开展的自然体验项目，通过妇女合作社的建立，为当地女性提供了作为旅游向导的就业机会，在赋予她们更高社会与家庭地位的同时，也推动了女性参与社区决策（Svoronou et al.，2005）。越南高轩（Giao Xuân）的生态旅游项目则促进了当地社区更为平等的劳动性别分工，并且在一定程度上改善了两性关系——女性参与旅游业不仅获得了社会的认可，也得到了来自家庭成员在实际行动上的支持，在女性担任导游期间，她们的丈夫在照顾孩子、烹饪和打扫卫生等家务工作中承担了更多的责任（Tran et al.，2014）。

来自非洲博茨瓦纳的案例则显示了生态旅游业发展对当地妇女具有赋权和去权的双重效应。由男性主导的旅游业剥夺了女性在传统手工业中对资源的控制权——以编织和售卖棕榈叶篮筐为生的当地妇女被她们的男性同行挤出了手工产品的销售链，成为单纯的资源采集者和生产者。这一过程破坏了她们在从事传统手工业时为持续获取资源而保护自然环境的激励因素，也促使女性产生了对于新兴的生态旅游和保护项目的戒备心理和疏远情感（Lenao et al.，2016）。

上述研究也从其他层面展现出参与生态旅游在女性赋权过程中发挥的双重作用——越南高轩社区参与项目的女性表示，增加的收入与新的地位和责任并没有减少她们在家庭中所遭受的暴力（Tran et al.，2014）。秘鲁亚马孙茵菲诺社区的案例则展现了积极的一面，尽管女性成员受到社会固有观念和传统性别分工的影响，在生态旅游项目中没有获得担当向导的机会，但也有社区女性为参与旅馆建造的男性劳动者供给食物，并以此获得了经济回报（Stronza，2005）。而博茨瓦纳的案例揭示了女性赋权问题更加复杂的层面，当地女性已经意识到，她们在传统社会中所扮演的角色本身，或者说与西方女性在社会身份和家庭地位方面的差异，对来自发达国家的游客存在着巨大吸引力，她们的日常生活和劳动开始融入"表演"的成分——一方面，这体现了生态旅游将文化与人"商品化"的负面效应；另一方面，却能帮助当地女性在势不可挡的市场化进程中占有一席之地。

相较社区赋权，女性赋权是一个更加难以评估的议题，它不仅关系到女性在家庭和社会中所扮演的角色，甚至与整个地区或国家的文化制度与社会规范紧密相连。尽管有学者曾提出针对女性赋权研究的理论框架（Lenaoet al.，2016），但生态旅游的开展对社区男性和女性居民所产生的差异化影响仍然缺乏广泛探讨，特别是被考察对象在家庭内部的地位与角色往往牵涉隐秘的情感层面。然而，可以肯定的是，参与生态旅游项目对社区居民构建新的性别观念起到了至关重要的作用。就如Tran 等（2014）在文章中所表述的那样，生态旅游对女性权利产生的影响目前尚不清楚，但愈加激烈的观点和价值观冲突，反映了社区女性对一直主导当地社会的"父权制"开始产生怀疑。

尽管关于生态旅游女性赋权的研究多半采用不可重复的轶事方法，研究结论难以加以验证，且几乎不可避免地受到研究者个人视角的限制，但提醒我们在关于社区影响的讨论中，一直都存在着一种不合情理却又极为普遍的假设：如果一名社区居民通过参与生态旅游得到了更多的收入，那么其家庭成员的生活状况必定会随之改善；当一名成年男性的社会地位有了显著提升，那么他的妻子和孩子也一定被赋予了更多的权利——这显然忽视了家庭成员之间复杂的互动关系。而在学科理论与研究方法之外，是否还叠加着另一种性别差异所造成的主观影响，即研究者本人的性别对于观察对象不同层面的体察。是否男性研究者倾向于将家庭视为整体，而女性研究者则更有可能看到妇女在家庭内部所遭受的暴力和不公？尽管关于性别的议题似乎永远存在争议，但这些珍贵的观察为我们展现了生态旅游业的发展与社区居民性别角色之间复杂而微妙的关系。

2.3.4　社区生态旅游对居民的生活方式和价值观的影响

除了收入提高和权力提升之外，生态旅游业的开展为社区居民带来的非经济福利也受到了学术界的关注和讨论。克什米尔拉达克（Ladakh）地区生态旅游项目的运营方通过为接待家庭提供水源过滤设备、基础生活物资和技能培训，使居民的饮食与卫生条件得到了改善（Satterfield，2009）。一项针对南非克鲁格国家公园的案例研究发现，经营生态旅游的外来企业以不同方式向当地社区成员提供了更多的教育机会，包括设立奖学金和旅行基金，开设环境课程，以及建立社区环境教育中心和图书馆（Spenceley et al.，2007）。哥斯达黎加奥萨半岛德雷克湾（Drake Bay）的社区生态旅游项目则为居民提供了更完善的居住与医疗条件——在酒店运营商的支持下，当地社区建造了在偏远农村地区少见的配备医护人员的诊所（Stem et al.，2003b）。

Stronza（2007）在对秘鲁亚马孙茵菲诺社区生态旅游项目的研究中发现，与传统生计模式相比，尽管生态旅游服务岗位工作时间更长，离家更远，并且薪资有限，却对人们有着更大的吸引力。参与者表示，就业岗位的稳定性、额外的医疗保障是促使他们从事生态旅游的主要因素。一些受访者还表示，参与项目帮助他们拓展了自己的社会关系网，让他们与外来旅游公司的员工建立了持久而深厚的友谊。除此之外，生态旅游项目为员工提供的职业培训也是一个强有力的激励因素——在工作中所获得的知识和技能，能够帮助他们以后离开家

乡到其他地方就业，或是以更具建设性的方式投身本地发展。Stronza
在文中指出，参与生态旅游不仅改变了居民对自然资源的利用，也改变
了人们对自己和社区的看法，使他们对未来的预期变得更为多样化。

　　Ashley 等（2002）通过回顾乌干达、纳米比亚、南非、尼泊
尔、厄瓜多尔的生态旅游（或可持续旅游）案例，总结了项目给社区
居民带来间接利益的方式，包括：① 基础设施提升，如建立学校、医
院，修建道路、供水和电力系统；② 提供外部技术支持，包括为社区
居民开设文化课程、进行工作技能培训等；③ 完善社会福利系统，
如建立金融信贷机制与医疗保障体系。作者在文中肯定了非经济福利
对社区产生的积极影响，同时也指出，在衡量其为社区居民带来的好
处时，应当针对不同群体分别开展调查，因为"这些措施对男性和女
性、老人和年轻人具有不同的意义"。

　　还有研究者观察到，生态旅游项目对社区参与者的家庭消费
结构产生了显著影响（Das et al.，2016；Hunt et al.，2015；
Snyman，2012；Walpole et al.，2001b；Yergeau，2020）。
Snyman（2012）在博兹瓦纳、马拉维和纳米比亚进行的一项比较
研究显示，社区生态旅游为当地居民提供了固定的就业机会与稳定的
收入保障，使他们能够扩大牲畜养殖规模、投资子女教育、修缮房屋
以及购买手机和摩托车等"奢侈品"，从而提升了生态旅游从业者的
家庭条件与社区地位，帮助偏远农村社区把握住了市场经济带来的机
遇。Walpole 等（2001b）的调查结果则展示了地区消费水平增长给
部分社区居民带来的负面影响——科莫多国家公园生态旅游业的发展
造成了当地通货膨胀，使得未从项目中获利的社区居民的家庭生活开
销也被迫随之提高。

　　生态旅游通过改变居民消费习惯所带来的影响并非仅限于物
价水平。Leatherman 等（2005）在对尤卡坦半岛（Yucatan
Peninsula）玛雅社区家庭膳食结构的调查中，发现了旅游业发展给
当地居民营养水平和健康状况带来的影响。作者在文中指出，旅游接
待服务产生的丰厚利益回报，促使生态旅游或其他形式的旅游代替传
统农牧业，成为玛雅社区的经济基础。随着本地农产品和肉类产量的

下降，当地居民改变了原有的饮食结构，开始依赖于购买深加工食品。而地处内陆的社区尚未建立起完整的商品供应体系，受运输和储存条件限制，当地商店只售卖薯片、饼干、汽水和廉价糖果之类的休闲零食，居民很难购买到来自其他种植区的谷物、新鲜果蔬以及未经加工的肉类，高热量但缺乏营养的垃圾食品成为他们一日三餐的重要组成部分，长期营养失衡引发了包括肥胖率增加、儿童生长发育迟缓在内的一系列健康问题。尽管旅游业发展并非导致社区居民健康受损的直接原因，却加速并放大了全球化给当地社区带来的负面冲击。

在社会文化影响层面，社区生态旅游引发的双重效应也同样显著。来自哥斯达黎加生态旅游项目地社区的受访者指出，生态旅游业的发展破坏了当地居民的家庭关系与社区团结。有村民抱怨，那些从事旅游服务的居民认为自己高人一等，他们模仿外国人的言行举止，把游客视为朋友，却对自己的邻居分外冷漠。还有受访者谈到他们的配偶与外来游客发展婚外关系，导致了家庭的破裂（Stem et al.，2003b）。但是，生态旅游的开展也可能给当地社区带来积极的社会与文化影响，包括减少酗酒、吸毒、卖淫以及其他扰乱社区治安的行为（Almeyda et al.，2010b）。在尼泊尔山区两个村庄开展的徒步生态旅游使参与项目的接待家庭成员在餐饮卫生、传统文化以及社区组织与管理方面具备了更多的知识和技能，帮助社区更好地适应了发生在全球范围的更为广泛的社会与文化变迁（Walter et al.，2018）。泰国南部的马来穆斯林社区居民表示，他们在参与生态旅游项目的过程中建立的跨文化交流能力和积累的政治活动经验，增加了他们与各利益相关方进行谈判的筹码，这有可能帮助他们在今后与外部机构合作开展的其他公共事务中为社区争取更多利益（Walter，2009）。

已有诸多案例表明，生态旅游可能使社区居民改变原有的文化观念，并形成新的世界观与价值观体系，进而影响他们对土地与野生动植物资源的利用方式。伊朗北部马赞达兰省（Mazandaran Province）的生态旅游开发方式尽管为地区经济发展创造了有利条

件，却造成了人与自然之间不平等的权利关系（Mosammam et al.，
2016）。King 等（1996）注意到生态旅游业在一些地区所引发的
"自然的商品化"现象——在社区居民参与生态旅游接待的过程中，
当地古老的节庆活动和生计方式逐渐变成了商业表演，田野、河流和
森林从维持生计的场所沦为演出的舞台，自然环境从具有使用价值转
变为具有交换价值的商品。"对社区居民来说，自然的商品化意味着
其环境意义发生了变化，从而影响到人们与环境之间的关系……这不
仅改变了本地居民对土地的看法，也改变了他们对自身的看法。"

　　Carrier 等（2005）通过分析加勒比地区的社区生态旅游案例，
对"商品化"的范畴进行了拓展，指出生态旅游的商品化对象并非
只有自然和风景——还有文化与人。Devine（2017）在对危地马拉
玛雅生物圈保护区（Guatemala's Maya Biosphere Reserve）
村民参与生态旅游的案例研究中，进一步阐明了"地域商品化
（commodification of place）"带来的影响："旅游业将一个地
方及其人民的文化、身份和生活经验作为旅游消费的对象，这为旅游
业的代表性实践注入了巨大而微妙的力量。"他将生态旅游中的地域
商品化过程视作"空间殖民（spatial colonization）"的象征，指
责生态旅游以野蛮的形式剥夺了当地居民的土地使用权和话语权，并
通过这种隐形的暴力操纵和改写了居民的意识形态。

　　生态旅游可以通过改变当地自然景观和动植物所具有的文化和宗
教内涵，对人与环境的关系进行重塑。尽管许多学者对此提出了严肃
的指控，但也有案例揭示了这一变化有可能蕴含的积极意义。在哥斯
达黎加蒙特韦尔德（Monte Verde）生态旅游社区，当地村民放弃了
以狩猎为生的传统生计方式，转而从事林木维护工作。他们也会像游
客一样带着相机进入森林，用镜头取代过去的枪口，对准途中遇到的
野生动物，并把这些影像保存在记录着他们珍贵回忆的家庭相册里。
随着零售业的发展，当地稀有鸟类和云林景观被社区妇女做成刺绣作
品，陈列在商店里向游客出售——在居民眼中，它们成为经济收入增
长和生活水平改善的象征，也是妇女为家庭经济做出贡献的有力见
证，提醒着人们女性成员应该获得的平等权利。文章指出："生态旅

游（引发的商品化进程）并没有导致景观意义的丧失，而是创造了新的意义"（Vivanco，2001）。

2.3.5　社区生态旅游对居民保护态度和自然资源利用行为的影响

将野生动物保护与当地居民福祉结合，是大多数社区生态旅游项目开展的目标。而参与项目能在多大程度上改变居民对环境保护的态度及其对自然资源的利用形式，则是生态旅游能否服务于保护的关键所在。

来自纳米比亚、博茨瓦纳、巴西、哥斯达黎加和墨西哥沿海地区的社区生态旅游案例证实，生态旅游通过为社区创造经济效益、改善居民生活质量，显著提升了当地居民对国家公园的支持水平和环境保护意识（Cisneros-Montemayor et al.，2020；Hunt et al.，2015；McGranahan，2011；Novelli et al.，2006；Pegas et al.，2013）。在一项针对克什米尔拉达克地区知名的雪豹生态旅游项目"喜马拉雅寄宿家庭计划（Himalayan Homestays Program）"的研究中，作者对先后参与项目的七个村庄的居民进行了访谈。结果表明，基于生态旅游业发展所采取的干预措施，使得饱受人兽冲突困扰的当地居民对作为肇事物种之一的雪豹有了更为积极的看法。通过参与生态旅游，拉达克的居民为雪豹赋予了更多审美、精神和生态层面的工具价值（instrumental value）以及与人类利益无关的内在价值（intrinsic value），取代了用单纯经济利益衡量野生动物价值的做法（Vannelli et al.，2019）。

也有研究者对此采取了更为保守的态度，认为生态旅游项目开展后，居民保护意愿的提升不一定是受到经济激励的直接影响。来自伯利兹的社区生态旅游案例表明，旅游业所创造的经济效益对参与者保护态度产生的影响取决于其他因素，包括感知成本（perceived cost）与感知收益（perceived benefits）、生态旅游对社区内其他人的影响、居民对政策的接受度以及成本和收益的相对分配情况（Lindberg，1996）。还有研究者指出，当地家庭原有的经济水平、居民受教育程度、政策法规的实施情况以及生态旅游带来的非经济利益，在提高居民保护意识方面发挥着更大的作用（Snyman，2012；Stem et al., 2003a）。Stem 等（2003b）通过对哥斯达黎加南部四个生态旅游社区和两个位于国家公园缓冲区内的社区的比较研究，探讨了生态旅游对保护和社区发展的影响，发现在降低森林砍伐率方面，法律限制比旅游业更具影响力。狩猎率的下降则与居民参与生态旅游后劳动时间的减少有关，而不是因为从事生态旅游的工作经验使他们形成了更强的保护观念。作者还在文章中指出，与直接从旅游业中获得收入的人相比，受益于基础设施改善、医疗和教育水平提高等旅游业发展所带来的非经济利益的居民，更有可能表现出强烈的保护倾向。

此外，还有学者注意到居民保护态度与保护行为之间不一致的情况。来自中国大熊猫国家公园四川片区的案例研究表明，尽管生态旅游的开展为当地社区提供了更多的就业机会，并显著提高了生活在大熊猫栖息地内居民的保护意愿，但对占有栖息地资源的畜牧业没有产生影响——在收入增加后，当地居民的牲畜保有量仍维持在原有水平（Ma et al., 2019b）。特立尼达格兰德里维埃地区（Grande Riviere）开展的生态旅游提高了当地村民对濒危海龟的保护意识，却没有减少他们的狩猎和肉类消费行为——人们对野生动物的确展现出更多的喜爱，但没有放弃将它们作为食物（Waylen et al., 2009）。作者在文章中指出："如果积极的态度不能转化为支持保护的行动，那么它们最终对保护目标毫无助益。"

考虑到态度与行为之间可能存在的矛盾，有学者在关注居民环境保护态度变化的同时，也评估了当地人对自然资源的实际利用情况。针对哥斯达黎加奥萨半岛（Osa Peninsula）和尼科亚半岛（Nicoya Peninsula）生态旅游案例的研究表明，作为传统伐木业的替代生计模式，社区生态旅游项目的开展对周边地区森林覆盖率增加做出了积极贡献（Almeyda et al., 2010a；Almeyda et al., 2010b）。但也有案例呈现了相反的结果，即社区生态旅游的开展可能加剧对自然资源的消耗。Langholz（1999）在对危地马拉玛雅生物圈保护区替代生计社区影响的研究中表明，尽管在发展替代生计后，当地居民对森林的依赖程度在短期内有所降低，却有受访者计划将所得收入用于消耗性生计的投资，如购买伐木工具和扩大农业经营。Ma 等（2019b）也在研究中指出，随着四川省大熊猫栖息地生态旅游业的发展，游客食宿需求及林产品购买量的增长，使得高海拔地区居民对于木材、野菜和竹笋等自然资源的砍伐和采挖量大幅上升。

有研究者更具针对性地探讨了生态旅游与保护激励措施的关系。Boley 等（2016）通过回顾社区生态旅游在促进环境质量提升和生物多样性保护等方面取得的可持续成果，肯定了生态旅游在自然资源保护中发挥的激励作用，但也指出了其中存在的局限。Kiss（2004）则认为社区生态旅游作为保护激励措施的有效性受到项目经济效益和规模的限制——有限的收入不足以促使社区放弃不利于生态环境改善的生计，转而支持保护行动；而当生态旅游提供的经济收入超越了原有生计时，则会吸引外部投资者前来争夺和稀释利益，从而给当地自然资源带来更大的压力。一些基于特定地点的案例研究也揭示了两者间复杂的辩证关系。Walpole 等（2001b）在对印度尼西亚科莫多国家公园的研究中指出，生态旅游业给社区带来的经济利益与居民对保护的支持度方面不存在明确的正相关。而 Wunder（2000）通过对厄瓜多尔库亚贝诺野生动物保护区生态旅游项目的考察，提出旅游收入作为保护激励措施的有效性取决于社区参与模式所固有的激励结构：只有采取合理的劳动力和土地分配方式，社区生态旅游才会对当地的环境保护产生积极影响。

在此基础上，有学者提出了在生态旅游经济收益与保护目标之间建立有效联系的方法。Snyman（2012）指出，可以通过选择恰当的利益分配时机，以及提高居民对非经济利益的意识，让居民在生态旅游和保护之间建立直接联系。Wunder（2000）强调了维持生计多样性的重要作用，即生态旅游不应作为唯一的替代性解决方案，而是应当与其他生计方式互补，以避免社区对旅游业产生过度依赖，致使居民对自然资源进行更大规模的利用。Nilsson 等（2016）总结了包括生态旅游在内的以社区为基础的保护项目促使居民改变自然资源利用行为的三种机制：创造直接经济价值、提供的间接利益足以弥补保护行动造成的损失、赋予社区控制与管理自然资源的权利。

综上所述，社区生态旅游具有平衡保护和发展目标的潜力，有可能在一定程度上降低居民对自然资源的消耗性利用，并提升社区对环境保护的支持度。但在项目开展之前，需要先在经济、社会与文化层面对社区进行充分调研，以建立适合当地居民的社区参与模式，采取因地制宜的项目发展策略。正如Pegas等（2013）在文章中所指出的那样："生态旅游的经济效益可以为保护工作提供支持。然而，这不一定是通过加强管理的方式人为取得的结果，而是当地社会、文化与经济特征动态变化的结果。如果想要保护工作取得成功，就必须更好地了解促使人们在价值观和行为方面支持保护倡议的因素。"

2.4 激发社区生态旅游保护与发展潜力的有效途径

作为生物多样性保护的流行工具，人们期望社区生态旅游的开展在为社会公众提供生态系统服务的同时，也能够为自然保护目标和当地社区发展提供经济支持。但学界对于其能否在促进保护与发展的过程中起到实际作用一直存在争议。支持者认为，社区生态旅游为在生物多样性丰富的地区生活的人们提供了直接而有效的经济激励，减少了居民对野生动植物的开发和利用，同时也在一定程度上缓解了高昂的保护成本带来的资金压力，为保护行动争取到了经济与社会支持；批评者则质疑，在保护地开展的社区生态旅游可能只是大众旅游的营销手段之一，甚至指责其作为一种新殖民主义手段，给项目地社区带来了严重的负面经济、社会与文化影响。

生态旅游项目对社区产生的影响体现在诸多层面。在经济收入与就业、社区权力结构、性别观念建构、生活方式与价值观以及保护态度和自然资源利用行为等方面，社区生态旅游的开展给项目地居民带来的正面和负面影响可能同时存在。从诸多案例中可以看出，社区生态旅游的发展并不存在统一模式，使其能以最小的负面影响为社区提供最大的利益。在许多情况下，生态旅游给社区带来的社会文化影响与经济效益呈现一定相关性——项目对当地经济发展的贡献越突出，为居民提供的就业岗位越多，对社区原有的社会结构和文化观念的冲击可能越大。不同案例所面临的具体情况则取决于项目所在地特定的政治背景、项目发展模式、社区参与情况以及当地的经济、社会与文化特征。

在生态旅游可以为社区居民提供广泛利益的情况下，只有将经济激励措施与保护目标充分结合，并在实施过程中采取有效的管理与监测措施，才能够使其发挥出最大的保护和发展潜力。

第三章

有朋自远方来：昂赛自然体验生态旅游

特许经营试点开展情况

3.1 从高原生态旅游到国家公园特许经营试点

3.1.1 玉树藏族自治州生态旅游发展概况

20世纪90年代末，玉树藏族自治州（以下简称"玉树州"）面临着社会经济发展缓慢的困境，州政府提出针对江河源生态旅游资源的开发策略，力图将发展"生态旅游"作为振兴玉树州经济的突破口（杨学武，2000）。但受制于高原地区严苛的地理气候条件与相对落后的配套基础设施，此后近十年间，玉树州旅游业发展始终以小规模的高原旅游、民族旅游为主。2009年，玉树州巴塘机场通航，当地旅游业开始与国内外旅游市场正式接轨。在这一时期，玉树州的"生态旅游"仅仅作为大众旅游的一种宣传概念，仍然采用粗放型的开发与管理模式，生态旅游的环境可持续性特征也没有在旅游业发展过程中得以体现（兰措卓玛，2014）。

2010年4月，玉树州发生7.1级地震，给当地居民的生产生活和区域经济发展带来了重大影响。在青海省政府随后召开的玉树州地震灾区重建工作会议上，青海省省长提出，将"建设高原生态旅游城市"列为灾后重建的首要目标（郅振璞 等，2010）。随着灾后重建工作陆续完成，玉树州的基础设施条件得到了显著改善，为旅游业发展奠定了基础。2012年，玉树州接待游客总量升至14万人次，比灾前增长12%，旅游总收入达1亿元，比灾前增长54%（旦周嘉措，2013）。在玉树抗震救灾纪念馆落成后，还出现了以自然灾害体验和抗震救灾教育为主题的"黑色旅游"产品。

2013年以来，青海省旅游局采取了多项措施振兴玉树州旅游业，玉树州政府也加大了对旅游业发展的财政投入，在玉树市中心先后建立了游客集散中心、康巴商贸城、格萨尔王纪念广场等配套设施。与此同时，当地涌现出了一批以售卖畜产品和手工艺品为主要经营内容的本土文旅品牌，旅游业经营者在"生态旅游"的开发思路下，开始对三江源地区的自然景观价值与本土文化内涵进行挖掘，旅游市场逐步向国内大中型城市的户外爱好者、自然摄影爱好者等中高端消费群体转移。

　　在有利的政策条件推动下，玉树州旅游业在震后短短几年间得到了史无前例的快速发展，但也有研究指出了其可能对高原地区脆弱生态环境带来的冲击，并据此探讨了开展高原生态旅游所面临的来自生态环境保护、行业规范与管理、市场经济运作等诸多方面的挑战（陈杰，2010；王建军 等，2010）。还有研究者结合地区经济社会发展规律，分析了玉树州生态旅游发展的有利条件与制约因素（王兰英，2013）。在三江源国家公园试点确立后，开始有更多学者从国家公园体制试点建设要求出发，进行了具有针对性的生态旅游开发策略研究，提出采用特许经营方式发展生态旅游，并强调了鼓励当地社区参与的重要性（何梅青 等，2014）。

3.1.2　三江源国家公园首批生态旅游特许经营试点的设立

　　2018年1月12日，国家发展和改革委员会正式印发《三江源国家公园总体规划》（以下简称《总体规划》），标志着三江源国家公园建设步入全面推进阶段。《总体规划》指出，应"按照绿色、循环、低碳的理念设计生态体验线路、环境教育项目……生态体验的主要内容包括生态示范、自然体验和科学研究"，并明确"生态体验由三江源国家公园管理局统一管理"。通过开展生态体验试点，建立并完善特许经营制度，是实现国家公园管理目标的重要途径，也是国家公园管理机构的基本权责。

　　2019年3月，三江源国家公园管理局在西宁举行"昂赛大峡谷自然体验特许经营试点工作方案"评审会，由青海省生态环境厅、省自然资源厅、省文化旅游厅、杂多县政府、昂赛乡社区代表、三江源国家公园管理局有关部门负责人和相关领域科研工作者组成的审查委员会对"昂赛大峡谷自然体验项目"（即"昂赛自然体验项目"）和"三江源国家公园昂赛生态体验和环境教育项目"（下文简称"澜沧江漂流项目"）两个特许经营项目进行了审查。

两个申报项目分别采取不同的运营模式，社区参与的程度和性质也有所不同。昂赛自然体验项目的运营主体为当地牧民合作社，在澜沧江源园区管委会与昂赛乡政府的共同监督下实施项目的管理和运作，通过邀请第三方机构参与，获得相应的技术支持。澜沧江漂流项目的运营方为一家注册地点在北京的户外运动公司，作为资金投入的主体，公司在开展生态旅游项目的同时也提供相关的旅游管理和技术咨询服务，通过为昂赛当地居民提供就业岗位和技能培训，实现生态旅游项目的社区参与。

在生态旅游项目的开展原则与目标方面，昂赛自然体验项目与澜沧江漂流项目具有以下共同点：① 以"保护第一"为主要开展原则，不增设基础设施，在活动过程中实施严格的保护措施；② 让社区居民成为受益主体，通过增加牧民收入，降低对自然资源的利用；③ 保护当地传统文化和习俗，促进居民主动参与保护的意识；④ 为访客提供自然教育机会，发挥国家公园的环境教育职能。除此之外，在两个项目运营方所提交的特许经营申请材料中，均对生态旅游项目的经营内容、申请期限、开发限制措施、访客管理与监督办法，以及运营方的责任和义务做出了明确的规定。

经审查委员会成员讨论与表决，昂赛自然体验项目和澜沧江漂流项目同时获批三江源国家公园特许经营权，由此成为我国国家公园建设背景下，第一批在开发与运营过程中采取严格限制措施的生态旅游特许经营试点。

3.1.3　昂赛自然体验项目的开展过程和主要参与者

2017年，为实现自然体验项目的社区自主运营，昂赛乡N村生态旅游扶贫合作社（以下简称"合作社"）注册成立，合作社成员包括全乡范围内的自然体验接待家庭示范户和N村全体村民。作为经营主体，合作社承担着自然体验项目的运营和管理工作。同年，山水自然保护中心受合作社、昂赛乡政府以及三江源国家公园澜沧江源园区昂赛管护站（以下简称"昂赛管护站"）委托，作为项目的技术支持机构，与合作社共同完成了包括自然体验者指导手册、接待家庭资料手册、预约网站在内的产品设计，协助合作社完善了管理章程、自然体验者入园守则、体验者协议、接待家庭协议等规章制度。在项目试运营阶段，乡政府与合作社率先在N村和S村范围内选出15户接待家庭示范户开展了初步培训，并安排他们尝试接待通过山水自然保护中心和当地政府的宣传渠道报名入园的少量访客。

　　2018年7月，基于前期开展的自然体验项目试点经验，杂多县人民政府、昂赛管护站、山水自然保护中心和合作社进行合作，在昂赛乡举办了为期四天的自然观察节活动，面向社会公众招募参赛队员。54名入围参赛者在牧民向导的带领下，对昂赛乡本地物种进行观测与记录。在活动的筹备过程中，承担自然体验向导工作的接待家庭示范户由最初的15户扩大到全乡范围内的22户。山水自然保护中心聘请来自国内外的生物多样性保护专家和社区工作者，先后4次组织牧民向导进野生动物导赏集中培训，并招募志愿者，为每户接待家庭开展了包括医疗与烹饪在内的接待技能入户培训。

　　此后，经澜沧江源园区管委会授权，昂赛自然体验项目正式启动，并于2018年8月以"昂赛大猫谷自然体验"为名，面向社会公众开放。国内外的自然爱好者可以通过网站预约报名的方式参与活动[①]，获得许可后进入昂赛地区，入住当地接待家庭，在牧民向导的带领下寻找雪豹等珍稀野生动物、观赏自然和文化景观、体验牧区生活（图3.1）。2019年3月，昂赛自然体验项目获批成为三江源国家公园生态旅游特许经营试点——作为生态保护的一项重要措施，通过开展特许经营活动提高居民收入，减少传统生计方式对自然资源的利用，以期达到促进保护的目的。截至2021年底，昂赛自然体验项目接待了来自世界各地的169支体验团队，共计479人次。

[①]　昂赛大猫谷预约报名网站：https://www.valleyofthecats.org.cn。

(a)

(b)

图3.1 昂赛自然体验项目的访客。（a）正在寻找雪豹的体验者；（b）牧民向导与体验者合影

3.2 昂赛自然体验来访团队概况

受到访客管理与监督措施的制约，自然体验者在园区内的游览活动通常不会对生态环境产生直接干扰，但其短暂造访对社区居民的日常生活有着微妙而深远的影响。通过增加本地居民与外来体验者的接触，昂赛自然体验项目的开展促进了社区原有的经济、社会、文化与外部环境的交融，加速改变了居民的资源利用方式与保护态度，进而对当地生态环境产生了影响。

本章根据来访者在网站提交的预约报名信息及通过邮件、在线链接等方式回收的访客反馈问卷，对昂赛自然体验的访客构成进行了初步分析，为进一步了解生态旅游特许经营试点的社区影响提供数据基础。

在2018年的昂赛自然观察节前，自然体验项目尚未建立起完善的访客信息收集与意见反馈机制，而自然观察节活动受招募方式限制，参与人员大多是来自国内的自然爱好者和野生动物摄影师，活动内容和时间均由主办机构统一安排。2020年初，为配合当地新型冠状病毒感染疫情（以下简称"新冠疫情"）的防控要求，项目暂停对外开放。此后三年间，项目间断性运营，但仅接受国内低风险地区访客预约，无法反映自然体验项目访客群体的广泛特征。因此，研究仅以2018年8月1日—2019年12月31日期间，通过网站、微信与电话等方式预约报名参加昂赛自然体验项目的访客为考察对象，对来访团队的人数、时间，自然体验者性别、年龄、户籍和居住地分布、职业构成及其与自然保护行业的相关程度等几方面进行简要分析。2018年7月前项目试运营阶段的来访者、昂赛自然观察节期间的参赛者，以及2020年防疫措施实施后报名自然体验活动的访客不计入统计范围。

　　在统计方式上，考虑到排除重复来访者会导致部分团队信息不完整，因此凡涉及自然体验团队的分析内容（如团队人数、团队成员构成等），均以来访人次为统计对象，其余各项则以体验者人数为统计对象。

3.2.1　自然体验团队来访时间与停留长度

　　在2018年8月—2019年12月期间[①]，昂赛乡共有72支自然体验团队来访，自然体验者191名，共计216人次。体验者团队数量和人次在全年的分布情况如图3.2所示。从图中可以看出，体验者来访的时间存在明显的阶段性，全年第二与第三季度为自然体验活动报名旺季。除5月下旬至6月的虫草采集季外，4—10月的半年间，参加活动的自然体验者人数（140人）约占2019年全年总来访人数（158人）的九成。

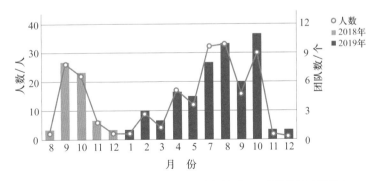

图3.2　2018年8月—2019年12月昂赛自然体验项目团队数及人数分布

———————————

① 2018年8月上旬，昂赛自然体验项目根据自然观察节参与者的反馈情况，进行了包括产品与制度在内的一系列调整，于当月中下旬开放预约；此外，每年5月20日—7月1日前后为昂赛乡虫草采集季，不接受预约。

此外，在2019年中，7—8月到访的体验者人数达到全年峰值，10月来访的体验者团队数量在各月份中占比最高，但人数较7月和8月略有下降，这与集中在国庆假期来访的多个2～3人小型亲友团体有关。受昂赛地区冬季相对恶劣的天气与路况影响，2019年1月、11月和12月均只有一支团队来访。但仍有部分团队选择在春节假期参加活动，使得降雪最为频繁的2月在整个冬季中呈现出小高峰。

从团队来访时长分布来看（图3.3）①，自然体验团队平均来访天数为7.7天，最少2天，最多33天。其中，超过半数团队（54.5%）选择为期4～6天的短期旅行。选择7～8天中短期旅行的团队占比19.5%，以4人以下的小型亲友团体为主。来访天数在9～14天之间的自然体验团队占总数的15.6%，在全年各时间段均有分布，团队成员多为学生、自由职业者、退休人士和居住在中国的外籍访客。来访天数超过14天的自然体验团队共有5支，主要集中在1—2月与9—10月两个时间段（图3.4），体验者身份多为野生动物摄影师，该时间节点与雪豹交配和幼崽初次离巢活动的时间大致吻合。

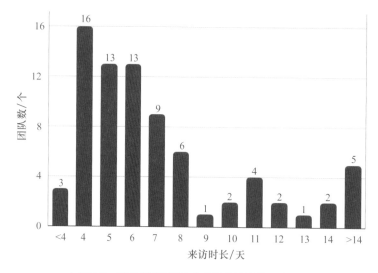

图3.3　不同来访时长的自然体验团队数分布

---

① 在72支来访团队中，有两支团队的成员停留时间不同。其中一支由4人组成的团队，有3人停留6天，1人停留8天；另有一支由7人组成的团队，有3人停留4天，4人分别停留6天、10天、16天和22天，因此，在计算团队来访天数时，将这两支队伍拆分，按77支队伍进行统计。

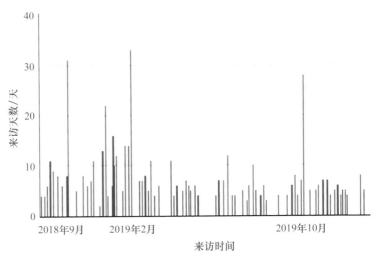

图3.4　自然体验团队来访天数在不同时间段的分布

3.2.2　自然体验团队人数与成员关系

　　昂赛自然体验团队平均成员人数为3.01人，最少1人，最多12人[①]。2人团队数量最多，共有36支，约占自然体验团队总数的50%（图3.5）。来自国内与国外的团队平均人数与平均访问天数无显著差别。而成员关系特征与团队成员人数之间具有一定关联（图3.6）[②]：2人团成员以朋友或夫妻关系为主；3人团队中朋友和亲子关系比例最高；4～5人团队多为同事或合伙人，其中以野生动物摄影师或自然教育从业者居多；而5人以上的团队多为组合关系，可能由一组同事、好友及其各自的伴侣或孩子组成，也可能由一个核心家庭与其中一名家庭成员的朋友或同学构成。

　　另外，在72支自然体验团队中，有14支团队包含一名临时雇用的随

[①]　自然体验项目建议每支团队报名人数为3人及以下，但3人以上的团队仍可报名。社区管理小组会根据具体情况将人数大于3人的团队分成多组，入住不同接待家庭。此处统计按体验者报名时的团队原始信息，非入园后的分组情况。

[②]　此项统计中涉及的团队个数为包含此成员关系项的团队数量，例如，若一个4人团队中既包含夫妻又包含朋友，则在"夫妻""朋友"两项中均计入。

团翻译或向导（下文简称"随团向导"）①，占全部团队的19.4%。36支2人团队中，有4支是由一名体验者和一名临时雇用的随团向导组成，15支3人团队中则没有雇用随团向导的情况，而这一比例在4～5人团队中明显增大，6人及以上团队中包含随团向导的比例又呈下降趋势。

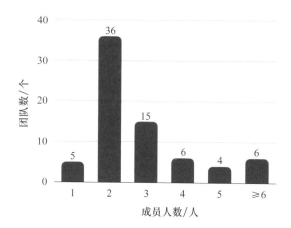

图3.5　不同成员人数的自然体验团队分布

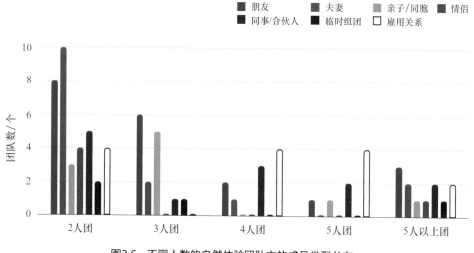

图3.6　不同人数的自然体验团队中的成员类型分布

① 此处的随团向导与接待家庭中的牧民向导不同，指的是部分访客在到达昂赛前专门聘请的非本地人员（多数为旅游业或自然教育行业从业者）。他们也作为自然体验团队的一员报名参加活动，帮助体验者与接待家庭沟通，或协助团队寻找动物。

如果将随团向导从统计数据中去掉，仅从团队原始成员人数来看，可以发现雇用随团向导的意愿与团队人数相关。单独前往昂赛的九名体验者中，有四名选择了雇用随团向导；由两人组成的32支自然体验团队里（即从36支两人团队中减去4支由单人体验者和一名随团向导组成的团队），不存在另外雇用随团向导的情况；由3～4人组成的团队与其他人数的团队相比，更倾向于与随团向导同行；而当团队人数达到5人及以上时，雇用随团向导的意愿则有所降低。

3.2.3　自然体验者重复来访率

在2018年8月—2019年12月到访的216人次自然体验者中，包含重复到访者25人次，占到访者总人次的11.6%，重复到访者有14人，占总人数的7.3%。在重复到访的14人中，到访三次及以上的自然体验者占半数，其中国外游客4人，国内游客3人。重复到访者中仅有1名女性，男女比例为13:1。职业构成情况将在下文详细说明。

3.3　自然体验者性别与年龄构成

在到访昂赛的191名自然体验者中，男性127人，占总人数的66.5%；女性64人，占总人数的33.5%。在72支自然体验团队中，团队成员均由男性构成的有29支，全部成员均为女性的有5支，其余38支由男性和女性共同组成（图3.7）。此外，尽管来自国内与国外的自然体验者男女比例总体持平，但不同国家到访的自然体验者性别比例相差较大。在到访人数大于15人的4个国家中，自然体验者性别比例如图3.8所示。

在统计数据所涵盖的范围内，自然体验者平均年龄为40.3岁，最大者72岁，最小者5岁。其中男性平均年龄为41.9岁，女性平均年龄为36.4岁。来自不同国家的自然体验者平均年龄同样存在差异，仍以到访人数排前四名的国家为例，男性与女性自然体验者平均年龄如图 3.9所示。总体来看，国外自然体验者的平均年龄（42.4岁）略大于国 内的（37.4岁）。

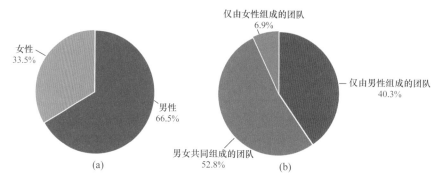

图3.7 自然体验者性别比例（a）和自然体验团队成员性别构成（b）

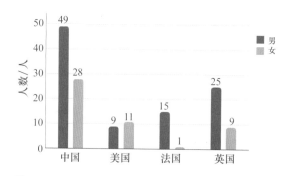

图3.8　到访人数排前四名的国家的自然体验者性别构成

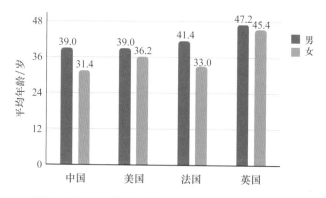

图3.9　到访人数排前四名的国家的自然体验者平均年龄

　　造成上述差异的原因可能与不同国家各年龄层居民的生活理念、消费水平、法定退休年龄及其他社会文化因素有关。此外，国外访客前往昂赛的跨境交通、住宿等开销通常是在地开销的数倍，因此对个人经济水平要求较高。而国内访客参与自然体验的成本相对较低，使得包括大学生群体在内的很多年轻人也能够轻松承担。

3.4 自然体验者国籍（户籍地）与居住地分布

3.4.1 自然体验者国籍（户籍地）分布情况

　　将到访昂赛的自然体验者按照国籍进行统计，外国到访者114人，占自然体验者总人数的59.7%；中国到访者为77人，占自然体验者总人数的40.3%。自然体验者国籍在亚洲、欧洲、北美洲、南美洲和大洋洲均有分布。外国自然体验者主要来自北美、欧洲西北部以及东南亚地区，其中，来自英、法、美三个国家的自然体验者人数最多，分别为34人、19人和16人。191名自然体验者国籍分布情况如表3.1所示。

表3.1　191名自然体验者国籍分布情况

国籍	人数	国籍	人数	国籍	人数
中国	77	波兰	2	加拿大	1
英国	34	菲律宾	2	秘鲁	1
美国	19	瑞士	2	葡萄牙	1
法国	16	泰国	2	日本	1
以色列	7	西班牙	2	乌克兰	1
瑞典	5	比利时	1	新西兰	1
德国	5	格鲁吉亚	1	意大利	1
新加坡	4	韩国	1	印度尼西亚	1
澳大利亚	2	荷兰	1		

　　在77名中国自然体验者中，有63人来自31个省（自治区、直辖市）：其中10人来自四川省，在中国自然体验者户籍地分布中占比最高

（13.0%）；户籍地为上海市和北京市的自然体验者位居第二和第三，分别为8人（10.4%）和7人（9.1%）。共有14人来自港澳台地区，占中国自然体验者总数的18.2%。中国自然体验者户籍地分布情况如表3.2所示。

表3.2   中国自然体验者户籍地分布情况

户籍地	人数	户籍地	人数	户籍地	人数
四川	10	青海	3	贵州	1
上海	8	陕西	3	河南	1
香港	7	重庆	2	黑龙江	1
台湾	7	河北	2	江苏	1
北京	7	山东	2	江西	1
广东	3	新疆	2	山西	1
湖北	3	云南	2	天津	1
湖南	3	福建	1	不详[a]	1
辽宁	3	甘肃	1		

注：a. 一名自然体验者用护照登记注册，未提供户籍信息。

3.4.2   自然体验者常住地分布情况

如果按照自然体验者的常住地进行统计，来自国内和国外的人数比例与国籍分布呈不同趋势。长居国外82人，占总人数的42.9%，长居国内109人，占总人数的57.1%。在长居国外的自然体验者中，居住在北美洲和欧洲经济发达国家的人数仍排名前列。其中，英国（24人）、美国（17人）和法国（11人）是其常住地排名前三的国家。居住在其他国家的自然体验者分布情况如表3.3所示。

表3.3   自然体验者常住地分布情况

常住地	人数	常住地	人数	常住地	人数
中国	109	瑞典	3	比利时	1
英国	24	新加坡	3	格鲁吉亚	1
美国	17	菲律宾	2	马来西亚	1
法国	11	瑞士	2	日本	1
以色列	8	西班牙	2	泰国	1
德国	3	澳大利亚	1	坦桑尼亚	1

长居中国的109名自然体验者中，居住在四川省的自然体验者数

量仍在所有省份中占比最高。而居住地人数排名靠前的三座城市为：北京（39人）、上海（15人）和成都（10人），分别占长居中国的自然体验者总人数的35.8%、13.8%和9.2%。居住在港澳台地区的有19人，占长居中国的自然体验者总人数的17.4%。居住在中国的自然体验者常住地分布情况如表3.4所示。

表3.4　居住在中国的自然体验者常住地分布情况

常住地	人数	常住地	人数	常住地	人数
北京	39	广东	5	福建	2
上海	15	河北	3	陕西	2
香港	12	湖北	3	云南	2
四川	11	江苏	3	重庆	1
台湾	7	青海	3	辽宁	1

3.5　自然体验者职业构成

3.5.1　自然体验者整体职业构成情况

在2018年8月—2019年12月间到访昂赛的191名自然体验者中，有174人提供了职业信息。按照其从事的工作内容进行大致划分，占比排名前三的行业类别分别为媒体与公众宣传（16.67%）、教育及科研（16.09%）、旅游与自然教育（13.22%），自然体验者职业构成如图3.10所示。

在从事媒体与公众宣传的29名自然体验者中，有14人来自国外，其余15人来自国内。29人中，有23人就职于电视台、影视公司，或作为独立导演、制片人从事影视制作（79.3%），6人在报社、杂志社或网络媒体担任编辑、记者（20.7%）①。

---

① 在媒体与公众宣传行业的从业者中，约有1/3以所在单位名义向政府有关部门提交过正式申请，在得到批准后进入园区，为方便进行拍摄和采访活动而报名自然体验项目、入住接待家庭。其余则是以个人身份直接通过网站或微信预约报名的。

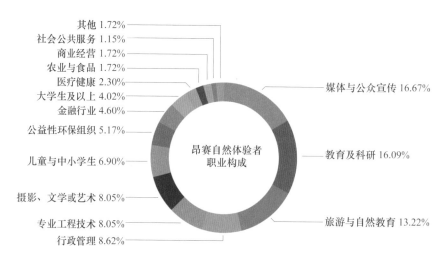

其他 1.72%
社会公共服务 1.15%
商业经营 1.72%
农业与食品 1.72%
医疗健康 2.30%
大学生及以上 4.02%
金融行业 4.60%
公益性环保组织 5.17%
儿童与中小学生 6.90%
摄影、文学或艺术 8.05%
专业工程技术 8.05%
行政管理 8.62%

昂赛自然体验者
职业构成

媒体与公众宣传 16.67%
教育及科研 16.09%
旅游与自然教育 13.22%

图3.10　昂赛自然体验者职业构成

在从事教育及科研行业的28名自然体验者中，有11人在中小学或幼儿培训机构担任教职人员，占比39.3%；任职于高校的教师和研究人员有8人，占比28.6%；另有9人任职于研究机构，占比32.1%。此外，教育及科研行业的从业者大部分来自国外（26人），仅有2人来自国内。在任职于高校和研究机构的17人中，有14人的研究领域与生物学、社会学和人类学相关，且他们全部来自国外[①]。

3.5.2　重复到访者职业构成情况

如图3.11所示，在重复到访昂赛的14名自然体验者中，人数占前两名的职业分别为摄影师（摄影、文学或艺术）和制片人（媒体与公众宣传）。有7人到访次数达到三次及以上，其中3人专职从事野生动物摄影（包括两名摄影师和一名摄影助理），2人为旅游业从业者，1人为电视台自然地理节目制作人，1人是从事商业经营的野生动物摄影爱好者。两名旅游业从业者分别来自中国和德国，长住地均为成都市。二人彼此相识，但分属不同旅游机构，1人到访过7次，另1人到访

---

① 从事教育及科研行业的自然体验者均以个人身份报名参加自然体验项目，无一人表明来访目的与其研究工作相关。

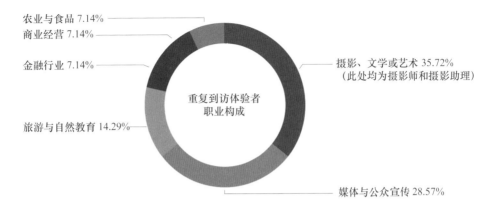

图3.11　重复到访体验者职业构成

过4次，每次均是和不同自然体验者组团报名。

　　通过职业构成可以看出，重复到访昂赛的自然体验者多有着与自然教育、野生动物摄影或节目制作相关的从业背景，参加自然体验活动的目的不仅是出于个人兴趣，还与职业需求密切相关。此外，与首次到访昂赛的自然体验者相比，重复到访者对于寻找和拍摄野生动物展现出了更强烈的动机，在园区内停留的时间相对较长，且到访时间通常选择在野生动物的繁殖与交配季。他们的到访一方面助力了自然体验项目在公共领域的传播，另一方面也可能给当地生态环境带来新的挑战[①]。

3.6　自然体验者与保护行业相关程度

　　在191名自然体验者中，有180人在活动报名提交的申请材料中直接或间接地提及了参与自然保护的经历。其中，有25人从事或曾经从事自然保护行业（包括保护机构的工作人员、项目合作者，以保护为目标的科研工作者等），占比13.9%；非保护行业从业者，但参与过自然保护相关活动（如环保公益性活动、公益性募捐，或创作过以生态环境或野生动物为题材的摄影与艺术作品等）的有60人，占比33.3%。未参与

①　详见第八章第二节。

过自然保护相关活动的有95人，占比52.8%。

　　保护行业从业者的比例在不同性别之间没有显著区别，但在国内外的自然体验者之间却存在一定差异（图3.12）。我们将自然体验者分为国内和国外两组，分别考察不同从业者在各组中的占比。在71名提供信息的中国自然体验者中，从事自然保护行业的有5名，占比7%。相比较之下，国外自然体验者中从事保护行业的有20名，占比18.3%。而国内参与过自然保护相关活动的非从业者占比（32.4%）与国外（33.9%）相差不大。

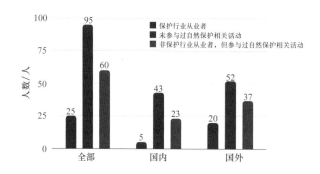

图3.12　自然体验者与保护行业的关系

　　这一结果与近年来国内外保护行业的发展趋势相吻合。西方国家开展自然保护的历史相对较长，从业群体趋于稳定，与保护相关的活动也有着长期而固定的受众群体。2016年以来，随着我国国家公园体制试点的逐步建立，全国各地区自然保护工作的宣传力度显著增加，吸引了大批社会公众参与保护活动。但现阶段，国内的自然保护行业仍处在发展时期，亟需具有各专业背景的人才助力。

3.7　自然体验者的到来是否会对环境产生影响？

　　总体来看，报名参加昂赛自然体验的访客多为来自国外经济发达国家和国内大中型城市的居民，普遍有着明确的保护意识，在参与自然体验活动的过程中，通常不会对当地的生态环境和野生动物造成直接危害，符合自然体验项目对"负责任的旅游者"的预期。但我们也从世界各地开展生态旅游的经验中了解到，参与项目带来的经济激励有可能会打破社区平衡的治理结构，影响当地居民原有的社会与家庭关系，引起恶性竞争等负面行为。

随着越来越多的外来人的到来，昂赛自然体验项目的开展是否会加快当地传统生计与市场经济的融合，改变牧民对自然资源的利用方式？而自然体验者对野生动物表现出的观赏偏好，又会在多大程度上影响接待家庭成员对待野生动物的态度、改变居民看待人与自然关系的视角——藏族传统文化中众生平等的观念以及游牧民族对于自然的敬畏之心，使得三江源地区丰富而完整的生态资源能够保存至今。后续章节中，我们基于昂赛自然体验项目的开展过程及到访者和居民的互动，对自然体验项目给社区参与者经济收入、搬迁决策、社会家庭关系和生态保护价值观层面带来的影响进行考察。

第四章

埋在家乡的"宝藏"：生态旅游对居民

经济收入与生活水平的影响

　　昂赛自然体验项目采用社区自主管理运营模式，项目收益全部返还社区。为了确保每户接待家庭都享有同样的收入机会，社区接待采取按序轮换制度，当年的接待次序由接待家庭向导在年初举行的社区会议上抽签决定。同时，为提升社区内其他居民（非接待家庭）的福利，加强项目收益与保护目标之间的联系，经昂赛乡政府、接待家庭和合作社代表共同讨论决定，在项目的全部收益中，45%为接待家庭所得，45%用于社区公共事务，10%纳入社区雪豹保护基金（图4.1）。截至2021年底，项目共为社区带来173.7万元总收益，接待家庭户均增收3.7万元[①]。2019年是昂赛自然体验项目启动后运营的第一个完整年份，我们对昂赛乡包括19户接待家庭和45户非接待家庭在内的共计64户牧民家庭在2019年中的收入与支出情况进行了调查，以了解自然体验项目的开展对于参与者家庭收入以及社区整体经济状况产生的影响。

(a)　　　　　　　　　　　　　　　　　　(b)

图4.1　社区公共基金的缴纳过程。（a）社区管理员前往接待家庭向自然体验者收取费用，并为其提供自然体验者、向导和管理员三方签字的收据；（b）社区管理员将公共基金上交给村委会

4.1　参与自然体验项目对接待家庭经济收入的影响

4.1.1　接待家庭与非接待家庭2019年平均收入对比

　　在2019年12月到2020年8月间，我们通过入户访谈的形式，分四次统

---

① 接待家庭户均增收中包括了2018年自然观察节期间的向导收益。

计了居住在昂赛乡的19户接待家庭和43户非接待家庭2019年的收入情况
（表4.1）^①。

按收入性质和来源进行划分，可以将当地居民的主要收入分为生产性
收入、政策性收入、服务与经营性收入三类。生产性收入包括采挖虫草、
售卖牦牛或畜产品，采挖知母、捡鹿角等劳动生产所得，占总收入的六至
七成。政策性收入主要包括国家公园生态管护员工资、草原生态补助奖励
款（以下简称"草原补奖款"）以及最低生活保障补助，约占全年收入的
二至三成。除此之外，少数家庭每年还能获得包括就业务工、劳务补贴与
其他经营活动所得在内的服务与经营性收入^②。对于接待家庭受访群体，
研究还统计了这些家庭在2019年中参与自然体验项目的收益^③。

表4.1　接待家庭与非接待家庭2019年收入结构对比

收入类型	收入来源	接待家庭（n=19）		非接待家庭（n=43）	
		平均收入/元	比例/（%）	平均收入/元	比例/（%）
生产性收入	采挖虫草	71 650	49.9	73 358	64.2
	售卖牦牛或畜产品	20 778	14.5	3971	3.5
	采挖知母、捡鹿角等	583	0.4	293	0.3
政策性收入	国家公园生态管护员工资	21 600	15.0	21 600	18.9
	草原补奖款	6533	4.6	7416	6.5
	最低生活保障补助	1388	0.9	2072	1.8
服务与经营性收入	参与自然体验项目收益	12 936	9.0	0	0
	就业务工、劳务补贴与其他经营活动	8113	5.7	5526	4.8
总计		143 581		114 236	

注：2021年，N村将自然体验社区公共基金进行了全村分红，但在2019年调查进行期间，
三个村子的社区公共基金均尚未使用，因此暂未计入非接待家庭受访群体的收入中。

其中，采挖虫草获得的收入在当地家庭年收入占比中高居首
位，分别占受访接待家庭和非接待家庭2019年平均收入的49.9%和
64.2%。20世纪90年代末全国虫草产业兴起后，虫草收入逐渐成为当
地牧民家庭全年收入的主要来源。每年5月下旬至7月初为杂多县虫草

① 调研中还请一部分接待家庭成员回顾了2018年的收入。为了便于两个群体的横向对比，未将接待家庭2018年收入计入表4.1的统计范围。
② 此项收入视各家从事的额外生计类型有很大不同，包括保险公司提供的牛羊保险协保员补贴、外出打工收入、经营小卖部收入、合作社分红、售卖玉石、买卖二手车辆的利润以及草场租金等。
③ "参与自然体验项目的收益"是从自然体验者缴纳的总费用中扣除55%公共份额后剩余的接待家庭所得，此项是根据体验者预约信息与合作社账目进行核算后得出的实际收益，与下文中提及的接待家庭所认为的收益不同。

采集季，在此期间，县域范围实行封闭式交通管理，当地居民可在自家所属的村落范围内进行采挖，杂多县以外的人不得私自入内开展采挖活动，而居民跨村采挖则需要缴纳草皮费[①]。

采挖虫草的收入与各家草场位置、面积无直接联系，而是与家中劳动力多少有关。一般情况下，劳动力越多的家庭，虫草收入越高。劳动力较少的家庭则会在虫草采集季期间邀请居住在非虫草产地的亲戚前来帮忙，甚至雇人采挖。与虫草收入相比，售卖牦牛或畜产品和采挖知母、捡鹿角等收入占比相对较小，并且户与户之间存在着较大的差异，具体收益主要取决于牲畜保有量和居住地周边的资源情况。

在当地居民的政策性收入中，国家公园生态管护员工资是占比最大的部分。自三江源国家公园生态管护体系建立以来，生态管护员收入超过了草原补奖款在年收入中所占的比例，成为当地牧民家庭的第二大收入来源。杂多县自2018年开始实行生态管护员一户一岗制，截至2019年底，本地实际获得管护员岗位的家庭约占全乡总户数的79%[②]。每名管护员每月可领取到1800元工资，其中70%是固定工资，30%为绩效考核（访谈进行时考核制度尚未实施，所有管护员均全额领取工资）。草原补奖政策的目的是为了遏制草原退化与生态环境恶化，当地政府以草原补奖款的形式为牧民发放牧草良种和减畜补贴，以实现草畜平衡。该政策于2011年开始在玉树州正式推行，生活在草原牧区并在1984年实施的草场分包制中登记过草场面积的居民，均可获得此项补贴，具体金额主要与草场面积有关。

在上述各项收入来源中，尽管采挖虫草获得的收入占比高，却受到剧烈的市场波动影响，使得当地牧民家庭面临不稳定的收入状况。2019年，玉树州虫草价格出现大幅下跌，与前一年相比，跌幅近四成——2018年，当地的原草收购价为11.2万～12.6万元/千克，2019

---

① 虫草采集季期间，通往杂多县的各条公路均设有检查站，由各乡干部轮流看守，对外县人员实施交通管控。此外，昂赛乡三个村子之间的每条道路也设有卡子，由本村居民轮班守卡。各村居民如需到其他村采挖虫草，则需要按800元/人的标准缴纳草皮费。草皮费纳入各村委会设立的专项基金，用于村级事务或居民分红。
② 据昂赛乡干部介绍，2019年底，昂赛乡实际居住户数为1920户，生态管护员1516名，未进行户籍登记的个别居民和刚刚结婚、尚未从父母家户口簿上分离的新组建家庭暂未享受到此项政策。未得到管护员岗位的当地居民通常通过代替父母或身体抱恙的邻居、亲戚履行巡护义务，来获得对方的管护员工资分成。

年则降至7.0万～8.4万/千克①。2020年，杂多县又遭遇了虫草"小年"②，虫草产量大幅下降。由于市场供应量减少，2020年虫草销售价格稍有回升，但大多数家庭当年的虫草采挖收入仍然远低于2018年的水平。有受访者表示："今年虫草长得不好，往年能挖两三千根的人，今年挖不到一千根。"然而，在虫草收入下降的同时，一些居民的消费仍保持在原有水平，导致家庭经济陷入困境："往年虫草好（产量多、价格高）的时候，收入到过二十七八万（元）。这两年不行了，今年还不到十万（元）。头一年跟别人借的钱都没还上，只能拖着，等明年挖了虫草再说。"

其他生产性收入则存在着资源分布不均的情况。以鹿角收入为例，部分家庭的房舍位置靠近白唇鹿换角时出没频繁的地带，且附近草山上林木繁茂，公鹿在其间穿行时鹿角容易脱落。居住在这些地区的牧户在放牧过程中就能捡到数目可观的脱落的鹿角，每年可因此获得数千元的额外收入。而居住在地势平缓、林木稀疏地带的家庭则无法享有此项收入。访谈中有居民抱怨，白唇鹿只有在繁殖季才会光临自家草场："要吃草的时候大批来我家，等到换角的时候就跑到别的地方去了。"相较于占比较高的生产性收入，包括管护员工资在内的政策性收入虽然在家庭总收入中占比不到三成，却具有稳定的特点，并且户均差距较小，因此对当地居民来说，这些收入在家庭经济中占有重要分量。

从表4.1中还可以看出，与非接待家庭相比，接待家庭2019年户均收入较高，但并非完全得益于参与自然体验项目带来的收益。即便在减去自然体验项目所得后，接待家庭年平均收入的余额（130 645元）仍比受访非接待家庭（114 236元）高出逾1.6万元，这一差异主要来自牦牛和畜产品出售。一方面，接待家庭户均保有牲畜数量高于非接待家庭③，在满足自家消耗需求之后，有更多剩余畜产品可供出售；另一方

---

① 虫草价格区间根据受访家庭在当年卖出的虫草最高价与最低价得出。
② 当地居民将虫草长势丰茂的年份称为虫草"大年"，反之则为"小年"。大年和小年一般交替出现，但没有固定的周期模式。居民一般认为，虫草生长情况与当年的气候有关，冬季结束至雨季到来前这段时间降水量增加有利于虫草生长，而此前的降雪不利于虫草萌芽，此后的雨水则会加速虫草腐烂。
③ 在对受访牧户牲畜数量进行的统计中，非接待家庭平均每户拥有牦牛50.4头，而接待家庭平均每户拥有牦牛59.7头，略高于昂赛乡牧民家庭的平均水平。

面，个别接待家庭在2019年进行了大规模减畜[①]。此外，两个群体的就业务工、劳务补贴与其他经营活动收入也存在着明显差异。接待家庭成员中担任村社干部[②]以及护林员、牛羊保险协保员、放牧小组组长、生态管护员组长的人数高于非接待家庭，子女一代的就业水平也普遍较高。非接待家庭中，外出就业的子女大多与亲友合作经营小本生意，或在网吧、旅馆、餐厅等服务场所打工，而接待家庭子女的就业类型则较为多样化，有的进入了机关企事业单位。其中一名接待家庭向导是R村副主任，他的两个儿子一人在玉树州教育部门就职，另一人是金融行业的职员。

除经济利益之外，一部分接待家庭还享受到了参与自然体验项目带来的非经济福利。从2018年开始，县政府为N村和S村的15户接待家庭示范户配备了简易厕所[③]，并为其中靠近村社主要道路的6户家庭率先安置了集装箱房屋，用于接待自然体验者；2019年，配备集装箱的接待家庭增加到15个；2020年8月，为了提高自然体验访客的住宿条件，当地政府又在N村10户接待家庭的院落附近建造了固定的木结构房屋，原有的15只集装箱则在统一回收后重新配发给了S村和R村的接待家庭（图4.2）。

(a)   (b)

图4.2 自然体验项目给接待家庭带来的非经济福利。（a）运输途中的集装箱房屋；（b）正在建造的木结构房屋

尽管政府配发的集装箱房屋和建造的固定房屋均属于村集体公共资产，合作社规定不得将其挪作他用，但仍然为接待家庭成员的生活提

---

① 详见第七章第二节。

② 接待家庭成员中包括一名社长、一名村党支部副书记、一名村副主任和一名前任社长。

③ 因为上下水问题未解决，截至2021年，简易厕所尚未投入使用。

供了诸多便利。在接待客人之余，大多数接待家庭都为集装箱房屋赋予了私人用途——包括厨房、储藏室、客厅以及临时卧室，有一名接待家庭向导还在集装箱房屋中为出嫁的女儿举办了送别仪式（图4.3）。

(a)　　　　　　　　　　　　　　　　　　(b)

图4.3　集装箱房屋为接待家庭成员的生活带来便利。（a）有接待家庭将集装箱房屋的一角改造成自家厨房；（b）一户接待家庭在集装箱房屋中举办女儿的出嫁宴会

4.1.2　接待家庭2018—2019年收入结构变化

在对19户接待家庭2019年经济收入状况进行调查的同时，我们统计了其中14户在2018年的收入情况（图4.4）。将两年的家庭年收入结构进行对比后可以看出，随着虫草价格的下跌，作为家庭经济支柱的虫草采挖收益在受访接待家庭户均收入中的占比从2018年的59.6%降至2019年的49.9%。其余各项收入虽然数额没有显著变化，但占比均随之增加。需要说明的是，自然体验项目的运营时间2018年为5个月，2019年为10个半月①，而2019年1月开始实行收益分配制度，使得自然体验项目全年收益的55%纳入了社区公共基金和保护基金。因此，尽管2019年项目年总收益远高于项目启动之初的2018年，但自然体验项目收入在受访家庭年收入中的占比（9.0%）与前一年（9.3%）相差不大。

2020年1月，受到新冠疫情的影响，昂赛自然体验项目暂停对外开

①　自然体验项目从2018年8月开始正式运营。2019年全年中有一个半月为虫草采集季，项目暂停开放。

放，此后三年间，项目开放时间根据防疫政策调整，采取间断性运营方式。2020年8－12月期间，昂赛自然体验项目短暂开放，当年收益共计34.9万元，接待家庭户均所得7485元。2020年8月，我们对5户接待家庭进行了走访。根据当年的虫草采挖情况（截至访谈进行时虫草尚未出售）、5户家庭在2020年上半年中的其他收入数据，以及后续通过访客预约报名信息计算出的下半年自然体验项目接待收入进行估测，2020年自然体验项目收益在接待家庭年收入中的占比为4%～7%。

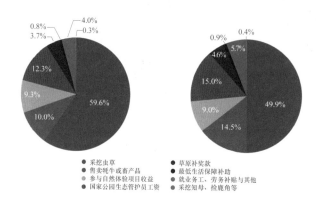

● 采挖虫草
● 售卖牦牛或畜产品
● 参与自然体验项目收益
● 国家公园生态管护员工资
● 草原补奖款
● 最低生活保障补助
● 就业务工、劳务补贴与其他
● 采挖知母、捡鹿角等

图4.4 接待家庭2018年（左）和2019年（右）年收入结构对比

由于现阶段自然体验项目收益在接待家庭年收入中占比不高，当项目因疫情暂停对外开放时，并未对接待家庭的经济收入、生活水平以及参与项目的积极性造成显著影响。在2020年项目暂停开放期间，仅有两名接待家庭成员向合作社管理员主动询问过恢复运营时间方面的消息，并要求在项目重新开放后第一时间获得通知，而大部分接待家庭并未因自然体验项目收入减少表现出焦虑或不满。

4.1.3 接待家庭自然体验项目年收益的个体差异

从接待家庭2018年自然体验项目年收益分布（图4.5）中可以看出，在项目开展初期，各家庭的接待收入存在着显著差异。其中一户接待家庭，因某次接待的访客团队居住时间长达一个月，且人数较多，使其当年的自然体验收入达到了64 400元，比位居第二的家庭（24 600元）高出了近4万元，是当年项目收益最低者（2200元）的29倍。这一巨大差异使得其他接待家庭产生了不满，有受访者认为，昂赛良好的生态环境是全乡人共同努力的结果，访客能看到动物，也是全体居民的功劳，而非一户家庭的劳动成果。还有人提及，这名高收入接待家庭的向导在带领自然体验者寻找动物的过程中也得到了其他家庭的帮助——有人通过自家牦牛被野生动物捕食的不幸事件为其提供了雪豹活动的线索——显然，大额接待收益归一户所有，对于其他家庭来说，是有失公平的行为。

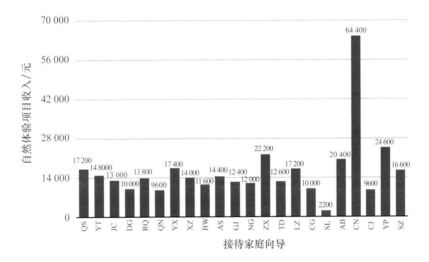

图4.5 2018年昂赛22户接待家庭自然体验项目年收益分布

在2018年底召开的接待家庭社区会议上，有向导因此提出需要给每户家庭设立接待上限，当接待人数达到4人，或游览时间超过两周时，必须按人数或时间段进行分组，轮换到下一户接待家庭，这一意见随即被合作社采纳。收入最高的接待家庭的向导没有提出反对意见，但通过其他方式间接表达了自己的不悦——在随后召开的几次接待家庭会议上，这名在以往社区公共活动中有着活跃表现的向导均未出席。

除对接待家庭每轮的接待人数与时长加以限制之外，2019年初，自然体验项目的社区收益分配制度也同步实施。在这一年中，尽管每户家庭接待自然体验团队的次数相差不大，但由于不同团队的人数与访问天数仍有差异，收入不均的现象依然存在（图4.6）。其中，收入最高的家庭年收益为21 600元，约为收入最低家庭的3.7倍。然而与2018年的情况不同，2019年的收入最高者没有受到其他家庭的公开质疑。

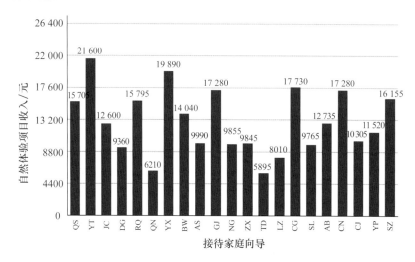

图4.6　2019年昂赛21户接待家庭自然体验项目年收益分布

　　收益分配制度的实行对于高收入者维护其社区关系产生了积极影响。在2019年底举行的接待家庭会议上，几名高收入接待家庭的向导表现非常活跃，他们的发言次数较上一年明显增多，与其他接待家庭向导相比，更乐于提出项目改进建议。显然，他们并未因为得到了比其他家庭更多的收入、担心招致他人不满而选择在会议上少说话，相反，他们认为自己对于社区有着更多的贡献，因而产生了更强的荣誉感和参与意识。

　　而其他接待家庭对高收入家庭的态度也与上一年有所不同。在2019年中，项目收入不理想的接待家庭向导表示，能够接受与高收入家庭之间的差距，并提到自己有可能在未来一年中将这一差距追平。2019年以来，尽管有接待家庭抱怨，自然体验项目收益中纳入社区公共基金的比例过高，留给自己的份额太少，且仍有部分接待家庭对其他参与者抱有负面看法，但对项目收益存在的个体差异表现出更为温和的态度。通过实行社区收益分配制度、限制每户家庭接待人数与居住时长的方式，接待家庭的收入差距得以显著缩小——这对项目参与者的社区关系产生了积极的影响，减少了接待家庭之间因"收益不均"引发的内部矛盾。

4.1.4 接待家庭对自然体验项目收益与成本的认知偏差

值得注意的是，在被问及自然体验项目给家庭带来的年收益时，几乎所有受访者给出的回答都与其实际收入有差异。其中有两户接待家庭估算出的自然体验项目年收益高于其实际收益（分别为实际收益的2.4倍与1.6倍），而大部分家庭的估算则远远低于实际收益，甚至有一名受访者给出的回答不到其实际收益的五分之一，只有一户接待家庭估算出的自然体验项目年收益与其实际收益接近（相差15%）。

造成上述认知偏差的一个可能原因是，在自然体验项目接待过程中，有时社区管理员会因路况不佳或被其他事情耽搁，未能及时赶到接待家庭当面向自然体验者收取费用，而自然体验者会将费用全额留给接待家庭。接待结束后，社区管理员到各家进行财务清算时（有时与当次接待已相隔数周），向导再根据与自然体验者共同填写的收据，按比例将收益中的社区公共基金份额上交给合作社，而此时的收益可能已被花掉了一部分。尽管收据中对收益金额有着明确记录，但接待家庭成员仍直观地感觉到，在上交了公共基金之后，自留部分所剩无几。因而在计算全年家庭总收入时，自然体验项目收益在他们的意识中相应变少了。

在被问及接待自然体验者所花费的成本时（包括油耗、车辆维修与购买物资等），受访接待家庭给出的回答同样耐人寻味。以自然体验团队由3人组成、停留7天为例，按照接待家庭成员给出的人均物资消耗和日均油耗开支来计算，一次接待所花费的成本大概在3100元，远高于根据自然体验者的反馈以及调研者观察估算出的700元。造成这一差异的原因可能有三个方面：第一，可能是自然体验者和调研者的观察与接待家庭自己的估算存在偏差，低估了车辆在野外行驶的油耗开销；第二，可能有一些隐性开销并非发生在接待期间，如车辆维修、更换房屋门窗与太阳能蓄电池等，这类花费通常被调研者归类为日常生活开销，但接待家庭认为此类开销主要考虑到自然体验者的需求，属于为参与自然体验项目而投入的成本；第三，可能有少数接待家庭成员在访谈中有意报高了接待成本，期望能从当地政府或合作社获得补贴。

4.2   参与自然体验项目对接待家庭消费结构的影响

为了了解参与自然体验项目带来的收益在接待家庭中的可能使用方式，2020年1月—5月间，我们对昂赛乡31户居民在2019年中的消费情况进行了调查，其中包括11户接待家庭和20户非接待家庭（表4.2）。根据各项开销的用途，可以将居民的消费类型大致归纳为四个层面：① 基本生活开销，如购买食品、看病和买药以及用于交通（车辆维修与油耗）、非食品类生活物资等；② 生产性投入，包括购买牲畜、租赁草场/牲畜、牲畜补饲与医药、缴纳牲畜保险等；③ 提升家庭生活水平与社会地位的投资，如购买或更换车辆、更换手机/流量通信费、家具与房屋维修、子女教育和技能培训以及雇人放牧等；④ 用来维持社会关系或满足精神需求的花费，包括宗教活动开销（具体可分为两类，一类是供奉当地寺院、请僧人到家中念经等纯粹的宗教活动，另一类是前往外地朝圣、转山过程中的交通、餐饮和住宿费，后一类消费对于当地年轻人来说实际上具有旅游性质）以及购买烟酒、婚丧礼金、宴请宾客等其他开销。

表4.2 接待家庭与非接待家庭2019年消费结构对比

消费类型	消费项目	接待家庭（n=11）		非接待家庭（n=20）	
		平均开支/元	比例/（%）	平均开支/元	比例/（%）
基本生活开销	购买食品	28 063	19.5	24 959	22.2
	看病和买药	12 609	8.8	10 406	9.3
	车辆维修与油耗	18 450	12.8	14 300	12.7
	非食品类生活物资	14 143	9.8	10 824	9.6
生产性投入	购买牲畜	4364	3.0	3882	3.5
	租赁草场/牲畜	2455	1.7	2875	2.6
	牲畜补饲与医药	2171	1.5	2746	2.4
	缴纳牲畜保险	1278	0.9	796	0.7
提升家庭生活水平与社会地位的投资	购买或更换车辆	26 569	18.4	17 665	15.7
	更换手机/流量通信费	4457	3.1	3766	3.4
	家具与房屋维修	9917	6.9	6113	5.4
	子女教育和技能培训	8455	5.9	5013	4.5
	雇人放牧	1545	1.1	0	0
用来维持社会关系或满足精神需求的花费	宗教活动	2191	1.5	2950	2.6
	其他（购买烟酒、婚丧礼金、宴请宾客等）	7395	5.1	6103	5.4
总计		144 062		112 398	

其中，医疗（看病和买药）和教育（子女教育和技能培训）两项开销在不同受访家庭之间差异最大。昂赛乡90%以上的居民有医疗保险，但由于当地医疗水平有限，需要化疗、手术或住院治疗的重病患者大多会前往外地就医，而异地就医费用有报销限制，因此出现了一些家庭的全年医疗开销仅千元上下，而另一些家庭则花费数万元的情况。在教育投资方面，尽管处于义务教育阶段的子女上学免费，但当地一些家庭会将初中毕业后未能考上高中的孩子送往省会城市就读学费高昂的职业学校。牲畜补饲（包括饲草和颗粒饲料）开销则在不同年份间存在较大差异，具体花费主要和当年冬季的气候条件有关。通常情况下，一户拥有50头牦牛的家庭全年的牲畜补饲开销约为五六百元，冬草场牧草充沛时则不需要补饲。但在极端气候条件下（2019年冬季杂多县遭遇雪灾），位于高海拔地区的牧户冬草场被积雪完全覆盖，购买、运输饲料和干草需花费数千甚至上万元。

需要说明的是，实际上有许多受访者无法对全年中各类家庭开销提供准确数字，在此情况下，对于米、面、油、糌粑、蔬菜、饲料和干草等日常消耗品，通常用物品单价和全年的购买量计算出总金额；车辆油耗则通过受访者前往县城加油站的频次和车辆加满油所需的费用来计算。此外，医疗和药品开销仅统计了受访者自费部分，即用全年医药费总额减去报销额度后得出的数字。而更换车辆、购买手机和家具、电器等对于一部分当地家庭来说相对较高的花费，有时会向亲戚、朋友借款，因此虽然不在2019年发生，但2019年仍需偿还部分款项，我们根据使用年限折算出当年的花费。此外，统计中对受访者估算的数额进行了精确化处理，例如，若受访者提到某项开销在"五六千左右"，则按5500元计算。

　　将两类受访群体的年户均消费中各项开销所占比例进行对照，可以发现相较于非接待家庭，接待家庭用于购买食品、宗教活动、租赁草场/牲畜、牲畜补饲与医药的开销在家庭年消费中的占比略低，而购买或更换车辆、家具与房屋维修以及子女教育和技能培训的占比则相应较高。在被归类为"其他"的消费项目中，非接待家庭的开销多为购买烟酒、婚丧礼金、宴请宾客以及娱乐活动（如前往县城打台球、唱卡拉OK等），而接待家庭受访者中的"其他"开销则出现了奢侈品投资。有一名接待家庭成员在2019年初花费15 000元购买了红珊瑚摆件，购买理由是"放在家里挺好看的，以后涨价了还能卖出去"。还有一名向导花费4000元给儿子报了驾校的课程，因为"年纪大了，身体越来越差，以后就让儿子开车带客人"①。虽然无法确定两类群体的消费结构差异是否和参与自然体验项目存在直接关联，但可以看出，当居民可供支配的收入增加后，并未将其投入资源消耗型的生产活动中，而是倾向于将其用在提升生活质量、投资子女教育等方面。

　　此外，尽管接待家庭受访者普遍抱怨参与自然体验项目存在着高昂的成本，但接待家庭的车辆维修与油耗开销在年消费中的占比（12.8%）与非接待家庭（12.7%）无明显差距，而购买食品的费用占比（19.5%）反而低于非接待家庭（22.2%）。唯一与接待成本有关的呈增加趋势的消费项目是"购买或更换车辆"。用接待家庭受访者提供的最近一次购买或更换车辆的费用除以已投入使用的年限，折

---

① 当地大部分年轻人都是自学驾驶，但只有考取驾照才能正式担任自然体验向导。

算成当年的相应开销（户均26 569元，占比18.4%），高于非接待家庭在该项目上的户均花费（17 665元，占比15.7%）。造成这一差异的原因是，有三户受访接待家庭在参与自然体验项目的第一年中（2018年8月—2019年8月）更换了车辆，其中一户将家中原本用来运输货物的面包车变卖，购入了一辆二手越野车，受访者解释："客人都不愿意坐五菱宏光，换成汉兰达好一点。以后要拉货的时候把后座拆了，也能应付。"另外两户则表示家中旧车里程数已达报废上限，原本就有换车打算，因此无法确定接待家庭户均购买或更换车辆的开销占比较大，是否受到参与自然体验项目的直接影响。

值得注意的是，在11户受访接待家庭中，有两户曾在2019年搬回冬草场后，以2000元/月的劳务费标准雇用了一名同村居民代替自己放牧。相比之下，非接待家庭的20户受访者中，无任何一户雇用他人放牧。尽管在计算家庭户均年消费时，雇人放牧的开销在总额中的占比微乎其微（1.1%），但这一现象反映出这两户接待家庭在当地社会生产结构中位置的变化——从单纯的牧业生产转变为生产与消费相结合，并在这一过程中为其他居民提供了生计来源。由于接待家庭增加的收入中有一部分来自自然体验项目，因此可以推断，项目的开展在提高参与者生活水平和社会地位的过程中起到了积极作用。

4.3 昂赛社区居民对自然体验公共基金的看法与使用意向

2018年7月，在昂赛乡政府组织召开的社区会议中，接待家庭与合作社代表对自然体验项目的收益分配制度进行了初次商议，规定在全部项目收益中，45%为接待家庭所得，45%建立社区公共基金，10%用于昂赛地区的生态保护工作。该制度从2019年1月开始正式实行，在此后的一年中，自然体验项目共为昂赛乡带来32.4万元的公共收益——其中26.5万元为社区公共基金：N村14.7万元，R村6.7万元，S村5.1万元；其余5.9万元为雪豹保护基金。

在对2019年自然体验项目年度收益进行公开财务清算之后，乡政府将45%的社区公共基金按昂赛乡三个村子的收益比例分别划拨到村里，由村委会代为保管。2020年12月，昂赛乡政府领导和合作社代表共同决议，将N村2019年获得的14.7万元社区公共基金率先投入使用——其中70%用于给建档立卡的贫困户发放补贴，其余30%由N村全体村民按户平分，这一决议得到了接待家庭的认可。截至2021年12月，S村和R村的社区公共基金仍未使用。

在2019年10月—2020年5月间，我们曾就社区公共基金的使用方式征求了一部分昂赛乡社区居民的看法①，其中包括34名非接待家庭成员和15名接待家庭成员。在围绕这一问题进行的访谈中，我们未给受访者既定选项，仅让他们根据自己的期望进行回答。访谈结束后，我们将得到的答案进行了编码和分类（表4.3）。

表4.3　昂赛乡居民对自然体验项目社区公共基金的使用意向

社区公共基金使用意向	接待家庭（n=15）		非接待家庭（n=34）	
	提及频次	反对意见出现频次	提及频次	反对意见出现频次
经营投资	1	0	10	4
公共基础设施建设	9	0	7	1
解决人兽冲突	0	0	2	0
用于帮助贫困户	5	0	4	0
全村分红	4	2	9	2
医疗保险	2	0	2	0
教育补助	0	0	1	0
接待家庭油费补贴	1	0	0	0
说不好	0		8	

4.3.1　非接待家庭成员意见

在34名受访的非接待家庭成员中，被提及最多的一项内容是"经营投资"。共有10人提议将这笔社区公共基金用于投资旅游经

---

① 在访谈进行时，三个村子的社区公共基金均尚未使用。

营活动，有受访者表示："给各家各户分的话也没多少，最好投资建一个接待中心，挣得可能会更多一点，以后每年都能有收入。"除了旅游接待方面的投资之外，有几名受访者还想到了其他经营活动，包括创办汽车租赁公司、开设土特产商店等，理由同样是"可以创造更多收益"。但与此同时，反对将社区公共基金用于经营投资的人数也是最多的："如果投资搞经营，可能就连本带利赔进去了"。一名R村的受访者还提到，在1982－1983年间，R村三社曾创办过一家牧业合作社，在经营初期，曾通过售卖畜产品取得了一定收益，但当时在任的村主任和村书记将这笔收益用于投资其他经营项目，却未能盈利，导致村民失去了分红的机会。由此可以推测，部分受访者提议将社区公共基金用于"经营投资"，也许并非充分衡量利弊后做出的判断，而是因为对于当地居民来说，这是最为熟悉的一种公共资金用途。尽管对投资代理人（通常是村社领导）的决策与经营能力并不完全信任，他们仍然将之视为一种有潜在利益的资金管理方式。

此外，另一项常被提及的基金使用方式是"全村按户分红"。甚至对于许多倾向于经营投资的居民来说，全村分红也往往是他们的第二选择："用于投资最好，如果投资做不好的话，最好分给各家各户"。有些受访者干脆直截了当地表明，相较于其他使用方式，全村分红是他们最赞同的做法，因为"接待家庭的好处来自大家，每户周边的自然资源只有（各家各户）自己了解，（接待家庭向导带）游客到自己家这边，我们也会给他们介绍野生动物的情况。大家平分是理所应当的。"即便在知道社区公共基金总数和每户能分到的金额[1]后，受访者们仍坚持原先的看法。一名居民给出的理由可以体现持有这一观点的人们的顾虑："如果把这笔钱用到其他地方，看不见，摸不着。给全村人平分了最好，每分钱都明明白白的。"

在非接待家庭群体的访谈结果中，位列第三的基金用途是"公共基础设施建设"，包括道路维修、加固桥梁、建信号塔、垃圾处理等。除此之外，也有受访者提到希望将这笔基金用于帮扶贫困

---

[1] 以村为单位来计算，若采用全村分红的形式，N村村民每户能分到315元，R村每户112元，S村每户101元

户、为村民办理医疗保险（以下简称"医保"），以及解决人兽冲突——包括为村民交纳牛羊保险、安装防熊电网等。还有1人建议将这笔钱用于义务教育阶段结束之后的学费补助："有的孩子上了十多年学，快要考大学的时候家里没钱了，孩子也没心思好好考试了，只能干点别的。"

另外，非接待家庭中有8人对这一问题没有给出明确的回答。有受访者表示："没什么想法，钱的事情应该让村里有文化的人做决定。"在得知其他受访者提出的建议后，有些人勉强附和了其中一个选项，但随即又补充道，自己说话不能算数，并建议向村子里有想法、有能力的人征求意见。在被问及谁是他们心目中"有想法、有能力"的人时，他们提到的人选无一例外是现任或往届村社干部。

4.3.2　接待家庭成员意见

在接待家庭受访者中，希望将社区公共基金用于公共基础设施建设的人数位居第一，其中"修路"一词出现的频率最高："分红的话每户拿不到多少钱，把路修一修，大家都能用得上。""修路最好，接待游客路必须要好，不然游客的生命安全没法保证"。除了参与自然体验项目对于出行条件的需求之外，接待家庭成员对修路抱有迫切愿望，可能也与自家居住地位置有关——大部分接待家庭住所位于澜沧江沿岸的主要道路旁，当道路因暴雨、泥石流等原因被损毁时，他们通常会受到更大的影响，因此对道路状况尤为关注。除了修路的建议之外，还有几名接待家庭成员提到希望能用社区公共基金修建光伏电站或信号塔。一名受访者提供的理由与他担任自然体验社区管理员的经验有关："现在通知接待家庭只能挨家挨户跑，有时候客人到机场的时间临时变了，通知不上向导，很着急，耽误了第二天接人。有信号就方便多了。"

对于接待家庭成员来说，排在第二和第三位的提议分别是"用于帮助贫困户"和"全村分红"。提议全村分红的受访者给出的理由与非接待家庭基本一致，但此外还有另一种考量："带客人找动物的时候经常要靠其他家帮忙（提供野生动物信息）。但我们不能直接给他们好处费，那样一来，以后都是拿了钱才帮忙，没钱就不帮了，邻里之间的关系也会受影响。（用社区公共基金）给大伙儿分红的话没问题。"但也有人对分红的做法明确表示了反对："本来是一大笔钱，如果分给每一户，每人拿不到多少，吃顿饭就没了。"而对于备受非接待家庭受访者青睐的"经营投资"，接待家庭中仅有一人的回答与此相关，具体建议是用这笔款项在昂赛乡开设一个饭店，从而给自然体验者的饮食提供更多选择。显然，大多数接待家庭受访者考虑到了他们的提议是否会与国家公园试行的法规条例相冲突，并有意回避了可能违反规定的选择。

将接待家庭与非接待家庭受访群体提出的建议和理由进行对比后不难发现，除了权衡社区与家庭的利益，接待家庭成员在考虑社区公共基金的使用方式时也会从自然体验项目发展的角度出发。无论是提议"修路""建信号塔"还是"开饭店"，他们给出的理由中都涉及如何为自然体验者带来更多的安全保障和食宿便利，非接待家庭成员则无人提及与生态旅游和外来访客相关的内容。

除了对社区公共基金用途的具体建议有差异之外，所有接待家庭受访者都对这一问题给出了明确的回答，没有出现非接待家庭受访者中放弃表达个人意见的情况。此外，从回答问题的方式上可以看出，与非接待家庭相比，接待家庭成员在提供建议时大多附带了更为充分的理由。他们不仅认为自己有权参与社区公共基金的使用决策，而且认为自己的意见具备分量，在对各种基金使用方式进行严肃的考量与比对后，再给出最具可行性的一种。显然，接待家庭对于社区公共基金有所贡献的不争事实，使得他们乐于对其用途发表自己的看法，并对自己在公共决策中扮演的角色抱有更强的责任感。而自然体验项目通过数次召开接待家庭会议所建立起来的社区议事制度，对于提高接待家庭成员在公共事务中的参与意愿也产生了一定的积极影响。

4.3.3 村社干部意见

在对当地居民开展入户调研的同时，我们也就社区公共基金的使用方式征求了杂多县、昂赛乡领导与几名村社干部的意见，他们根据此前投入自然体验项目的资金性质，以及基层工作中遇到的实际问题，给出了各自的看法。

时任杂多县委常务委员的DZ表示，给第一批接待家庭示范户配发的用于自然体验者住宿的集装箱房屋，其所用款项是县财政拨划给N村试点的扶贫基金，因此建议将自然体验项目社区收益中的一部分资金专项用于N村的扶贫工作，其余部分则可以用于昂赛乡包括R村和S村在内的其他公共事务。

昂赛乡党委副书记CW则希望将这笔钱直接分给各家各户，即采用"全村分红"的方式使用基金。在他担任副书记不到一年的时间里，曾有多名居民以为乡干部贪污了国家公园生态管护员的工资，致使他本人遭到两次上访投诉。据CW解释，钱迟迟没能下发，是因为三个村的村委会对生态管护员考核制度未达成统一意见，而这笔钱始终存留在县财政的账户里。CW担心如果将自然体验项目的社区公共基金用在其他任何地方，同样会遭到村民的怀疑和恶语中伤，因此希望能以最为公开透明的方法使用基金。即便全村分红对提升居民生活质量起不到实质作用，也具有非常重要的象征意义。

而R村党支部副书记AB表示，最好能用社区公共基金给村民缴纳医保。他提到动员村民参保是他最头疼的工作之一，尽管2020年缴纳医保的R村居民已达到全村常住人口的93%（其中，贫困户的参保费由精准扶贫基金代为缴纳），是"新型农村合作医疗"惠民政策推行以来，医保覆盖率最高的一年，但坚持不参保的剩余7%的村民，恰恰是家里老人和孩子最多的"高风险人群"。"平时家里没人生病，他们觉得交医保是花冤枉钱。真等到有人生了大病，挖虫草的收入根本不够，他们又到处借钱看病。借不到钱的话，（生病的人）哪儿也去不了，只能躺在家里硬扛。"他解释道，"如果能用这笔钱给全体村民集中办理医保，就不用一户户去动员了。"

4.4 生态旅游特许经营试点在提升社区居民经济收入与生活水平方面起到的作用

昂赛自然体验项目通过创造直接经济收益和带来非经济福利两种方式，有效改善了社区参与者的家庭生活条件。但现阶段，昂赛乡仅有少数家庭直接参与了项目，且项目收益在接待家庭年收入中占比不大，因此对于提升社区居民的整体收入水平没有发挥显著作用。然而，由于近年来虫草收购价格极不稳定，相较之下，自然体验项目带来的收益整体呈现稳步上升的趋势，能够缓冲虫草市场剧烈变动给社区造成的经济影响，并具有提升社区应对自然灾害和公共突发事件的弹性的潜力。

而接待家庭与非接待家庭群体在年消费结构上的差异，从侧面反映出自然体验项目在改善参与者生活水平方面发挥的积极作用。此外，接待家庭没有将增加的收入用于扩大生产，而是用于提高生活与居住条件、社区地位，或投资子女教育。接待家庭与非接待家庭受访者对于社区公共基金使用建议的差异，则体现出项目的开展在提升社区公共决策水平和话语权方面发挥的社会激励作用。但接待家庭对于项目收入存在的认知偏差、不同参与者之间的收益差距，以及社区公共基金的实际用途与部分居民预期不符等问题，可能在一定程度上削弱项目收益给社区居民带来的积极影响。

第五章

迁居城镇的诱惑与难题：

生态旅游对居民搬迁决策的影响

为应对三江源部分地区面临的环境退化问题，2005年，由国务院审议批准的《青海三江源自然保护区生态保护和建设总体规划》将退牧还草和生态移民列为核心举措，启动了三江源生态移民工程。政府投入75亿元用于三江源地区的生态保护和建设项目，鼓励居住在核心区的牧民离开草场，转移到位于保护区周边的城镇集中居住（刘红，2013；祁进玉，2014）。

此后十年间，随着当地经济发展与居民收入水平的提高，三江源地区的城镇化步伐逐渐加快，牧区人口大量向城镇迁移。"十二五"时期，为实现推进城乡一体化的建设目标，同时改善当地牧民群众的生存环境和生活条件，政府将城镇化作为促进生态保护与调整产业结构的切入点，在三江源地区投资兴建了一批牧民社区住房，并加强了排水、供电、医疗、卫生和教育等基础配套设施建设，形成了以玉树市区为中心、州府县城为骨干、小城镇为基础的多层次城镇体系。近5万牧民离开草原牧区走入城镇社区，快速推进了三江源地区的城镇化进程（苏海红，2016）。

伴随着三江源地区牧民的大规模城镇化定居，出现了围绕着移民安置工程生态与社会效益的诸多讨论。有观点认为，移民安置工程取得了显著的生态效益。但也有学者指出，政府提供的有限补助难以维系搬迁牧民的后续生计，存在移民就业率低、城镇适应性弱等问题，并且迁出地的环境恢复效果也并不理想（杜发春，2014）。也有研究者认为，长久以来，牧民蓄养的牲畜已与草原之间形成了相互适应、协同演变的关系，大规模搬迁甚至有可能破坏草原牧区原有的生态平衡，给环境造成负面影响。

近年来，在生态移民工程和城乡一体化建设的背景下，昂赛乡居民搬迁率也呈现逐年增长的趋势。许多当地牧户为了提高子女教育水平、规避人兽冲突风险，自发迁往城镇居住。根据昂赛乡N、S、R村村社干部提供的信息，近十几年来，昂赛乡迁居城镇[①]的居民超过五成，个别村社迁走的居民高达七成以上。对于居民搬迁给当地生态

---

① "迁居城镇"的定义是，一年中超过十个月在城镇生活，除虫草采集季和探亲之外，其他时间不再回到昂赛乡。迁居者的特点是，家庭成员不再从事畜牧业（部分搬迁家庭仍在牧区保有牲畜，将耗牛交给亲戚照管或雇人放牧），但收入仍然来自牧区，以虫草采挖收入、生态管护员工资、草原补奖款、售卖耗牛或畜产品以及草场出租为主要经济来源。

环境带来的影响，目前学界尚无明确结论。2019年4月—2020年8月间，我们对参与自然体验项目给接待家庭成员搬迁态度带来的变化进行了初步考察①，并从自然体验向导的视角出发，提出居民大规模搬迁可能对生态环境产生的潜在影响。

5.1　接待家庭和非接待家庭的搬迁需求、搬迁条件与搬迁意愿比较

考虑到当地居民的搬迁态度受到家庭经济条件、社会环境状况与居住地地理位置的制约，并牵涉诸多主观因素。为了便于对接待家庭和非接待家庭两类群体的访谈文本进行有效对比，我们将搬迁态度分为搬迁需求、搬迁条件和搬迁意愿三个方面，并对各项指标进行了量化，具体考察方法和衡量指标如下：

（1）以受访家庭中外出最频繁的成员在单位时间内往返城镇的次数来衡量其家庭搬迁需求。分别以月和年为单位，对往返杂多县县城和玉树州首府玉树市结古镇的次数进行统计，次数越高，视为搬迁需求越高。

（2）通过在城镇购置住房的情况来衡量受访家庭目前是否具备搬迁条件。已购置住房者视为具备搬迁条件，尚未购置住房者视为不具备搬迁条件。其中，非接待家庭在城镇购置住房的情况直接采纳了受访者本人的回答，接待家庭购置住房的情况除参考访谈结果外，还通过从受访者亲朋处获取信息等方式进行交叉验证，以排除调研者身份对访谈结果的干扰②。

（3）搬迁意愿通过半结构式访谈的形式收集信息。对于已在城镇购置房屋的受访家庭，围绕购置房屋的目的、搬迁时间安排以及是否有变卖牲畜的打算等话题展开访谈；对于尚未在城镇购置房屋者，

---

① 就此问题接受访问的所有牧户在参与调研时均在昂赛乡居住，其中有部分家庭在受访后迁居城镇，我们对迁走的接待家庭进行了后续跟踪调研，而对迁走的非接待家庭未予以回访。

② 自然体验项目对社区参与者的范围有规定：接待家庭须为长居昂赛乡的本地住户。由于调研者来自给项目提供技术支持的第三方机构，有受访者顾及访谈结果影响其参与项目的资格，可能隐瞒在城镇购置住房的真实情况。

则重点考察其搬迁态度、是否已有明确的房屋购置和迁居计划，以及希望搬迁城镇/留居牧区的理由等。再根据访谈文本中包含的关键信息，对受访家庭迁居城镇的主观意愿进行综合判断。

考虑到大多数当地牧民家庭的决策模式，访谈过程只采纳家中一名主要受访者的意见，未收集每名家庭成员的想法（在个别受访家庭中，妻子与丈夫或孩子与父母持有不同态度）。本章的调研数据均以户为单位进行统计。

5.1.1　搬迁需求

通过询问受访者本人及其家庭成员的出行情况，我们记录了常住昂赛乡的36户非接待家庭中的52人、18户接待家庭中的27人在访谈之前一个月里往返杂多县县城和此前一年中往返玉树市结古镇的次数（图5.1）。取每户家庭中出行次数最多者进行统计后得出，受访非接待家庭平均每月往返县城7.6次，而受访接待家庭为7.7次。在前往县城的诸多事由中，出现频率最高的分别是：采购生活物资和药品、车辆加油与维修、售卖畜产品以及走访亲戚（部分受访家庭有学龄期的孩子暂住在县城的亲戚家，走访亲戚也是为了看望孩子）。

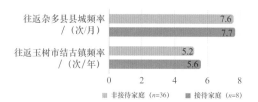

图5.1　接待家庭与非接待家庭搬迁需求对比

一年中往返结古镇的频率在受访非接待家庭与接待家庭之间略有差异——非接待家庭为5.2次/年，接待家庭为5.6次/年。前往结古镇的主要事由包括：去医院看病、办理各类手续、去嘉那玛尼转经、参加法会、出售虫草、参加亲朋婚礼等。而采购生活物资和走访亲戚虽然也是昂赛乡居民前往结古镇的常办事项，但通常是在从事其他活动时顺便进行的。在18户受访接待家庭中，有五户将接送自然体验者列为

前往结古镇的事由之一，这也是接待家庭往返结古镇的频率略高于非
接待家庭的主要原因。

通过对比可以看出，参与自然体验项目使得接待家庭往返结古镇
的频率略有升高，而两个受访群体往返县城的频率近似。就满足生活
需求、维持家庭生计和巩固社会关系的目的而言，当地居民在牧区与
城镇间往来的频率整体上相差不大。可以认为，两类受访群体对于迁
居城镇的需求基本相同。

5.1.2　搬迁条件

如表5.1所示，从搬迁的客观条件来看，在提供住房信息的40
户非接待家庭中，有11户已在杂多县县城或结古镇购置住房，占比
27.5%。其余29户均表示在昂赛乡以外无住房，占比72.5%。相比之
下，在21户接待家庭中，已在城镇购置房屋的有7户，占整体的三分
之一。由于他们在城镇的住房多数是在参与自然体验项目之前就已购
置，这一差异也从侧面说明接待家庭原本的户均经济状况略高于社区
其他居民。

表5.1　接待家庭和非接待家庭的搬迁条件与搬迁计划

搬迁条件	搬迁计划	接待家庭（n=21）		非接待家庭（n=40）	
		户数	百分比/（%）	户数	百分比/（%）
已在城镇购置住房	目前仍住在牧区，确定短期内搬走	0	0	1	2.5
	目前仍住在牧区，未来可能搬走	0	0	5	12.5
	城镇与牧区轮换居住	2	9.5	3	7.5
	出于给儿女居住的目的购房，自己不搬	4	19.0	2	5
	搬走后迁回，并决定留在牧区	1	4.8	0	0
	合计	7	33.3	11	27.5
未在城镇购置住房	计划短期内买房并搬走	1	4.8	3	7.5
	希望未来能在县城买房并搬走	3	14.3	6	15
	希望留居牧区	6	28.6	9	22.5
	尚无明确意向	4	19.0	11	27.5
	合计	14	66.7	29	72.5

5.1.3　搬迁意愿

在对非接待家庭主观搬迁意愿进行的考察中（表5.2），有明确搬迁计划的有4户，包括"已在城镇购置住房，确定短期内搬走"和"未在城镇购置住房，计划短期内买房并搬走"两类，占比10%；仅有搬迁意愿，但无明确计划的有14户，包括"已在城镇购置住房，未来可能搬走""已在城镇购置住房，城镇与牧区轮换居住"和"未在城镇购置住房，希望未来能买房并搬走"三类，占比35%；另有11户希望留居牧区，包括"未在城镇购置住房，希望留居牧区"的，"出于给儿女居住的目的在城镇购置住房，自己不搬"的，以及"搬走后迁回，并决定留在牧区"的三类，占受访家庭的27.5%；其余11户尚无明确意向，占比27.5%。

在21户接待家庭中，上述四种情况的占比发生了显著变化。有明确搬迁计划的仅有1户，占比4.8%；仅有搬迁意愿，但无明确计划的有5户，占比23.8%；尚无明确意向的有4户，占总数的19.0%；而希望留居牧区的共有11户，在全部接待家庭中占比（52.4%）超过半数。

表5.2　接待家庭和非接待家庭搬迁意愿

搬迁意愿	搬迁计划	接待家庭（n=21）		非接待家庭（n=40）	
		户数	比例/（%）	户数	比例/（%）
有明确搬迁计划	已在城镇购置住房，确定短期内搬走	0	0	1	2.5
	未在城镇购置住房，计划短期内买房并搬走	1	4.8	3	7.5
	合计	1	4.8	4	10
仅有搬迁意愿，但无明确计划	已在城镇购置住房，未来可能搬走	0	0	5	12.5
	已在城镇购置住房，城镇与牧区轮换居住	2	9.5	3	7.5
	未在城镇购置住房，希望未来能买房并搬走	3	14.3	6	15
	合计	5	23.8	14	35
希望留居牧区	未在城镇购置住房，希望留居牧区	6	28.6	9	22.5
	出于给儿女居住的目的在城镇购置住房，自己不搬	4	19.0	2	5
	搬走后迁回，并决定留在牧区	1	4.8	0	0
	合计	11	52.4	11	27.5
尚无明确意向		4	19.0	11	27.5

5.2 影响昂赛居民搬迁态度的主要因素

在对受访接待家庭和非接待家庭搬迁需求、条件和意愿进行对比的同时，我们还采用访谈文本编码的方法，对影响居民搬迁态度的因素进行了分析（表5.3）。结果表明，在众多因素中，提升子女教育条件和规避人兽冲突风险是促使当地居民迁居城镇的主要因素。除此之外，不同性别和年龄的社区居民对于未来生活的特定需求与期望，也对其搬迁决策具有重要影响。

表5.3 影响接待家庭和非接待家庭受访者搬迁态度的因素

态度	影响因素	接待家庭（n=21）	非接待家庭（n=40）
		各项理由被受访者提及的频次	
迁居城镇	方便照顾上学的孩子	6	13
	怕熊伤人，不敢在牧区住了	0	5
	牛被野生动物吃得太多，不愿再放牧	0	1
	城镇生活便利，适合养老	1	2
	城镇医疗条件好，看病方便	0	1
	城镇房屋升值快，将来转卖能挣钱	1	0
留在牧区	牧区不愁吃穿，城镇生活开销大	4	6
	在城镇买不起房子	2	4
	牧区生活自在，在城镇里吃住不习惯	3	2
	祖辈留下的地需要有人继承	1	1
	留下来可以做自然体验项目接待家庭	2	0
	说不清楚	0	1

5.2.1 提升子女教育条件

在被问及选择迁居的主要原因时，正在筹备搬迁或希望将来能迁居城镇的18名非接待家庭受访者中，有13人提到了"孩子上学"；而明确表达了搬迁意愿的六户受访接待家庭也都将子女教育列为首要原因。"孩子到了年龄必须得上学。以前大女儿在杂多（县城）上小学时住在亲戚家里，现在三个孩子都要上学了，还是得有个住处。""现在买不起房，小孩只能住在亲戚家，过两年看能不能用挖虫草的钱买个房子。"

与此同时，在这部分受访者中，许多人对于搬迁一事展现出了矛盾的态度。一方面，在经济状况允许时，他们愿意花费全部积蓄为孩子创造更为优越的教育条件，但另一方面，却对孩子们以及整个家庭留在城镇生活的前景并不看好——尽管选择了（或倾向于）迁居城镇，却很少有人愿意彻底放弃对牲畜的养殖："牛先留着没卖，以后的事情还说不好，考不上学校还是要回牧区的""牛不敢卖，先让亲戚帮忙养起来。以后（孩子们）读书读不下去了，还能回来放牧"。

据受访者描述，仅在数年前，许多当地家庭的教育观念仍然停留在"孩子上学主要是为了学会识字和算数"的阶段。由于孩子通常是牧区家庭中的重要劳动力，加之乡村教育水平和师资力量有限，从本乡小学毕业的学生在前往城镇的中学继续接受教育时，往往跟不上教学进度，这使得许多家庭的子女未完成小学六年学业就回家继续放牧。这些孩子在向校方申请退学时，只需提供一张由医院开具的患病证明。这也是在义务教育制度实行多年后，昂赛乡仍有许多20岁左右的年轻人从未上过学，或读完小学一、二年级就辍学的原因。

2018年前后，昂赛乡政府开始加大义务教育的推行力度，设立了分管教育的副乡长，其主要职责之一就是入户核实适龄儿童的入学情况，并劝说父母将辍学在家的孩子送回学校。此举大大提升了子女教育在家庭内部的重要性和优先级。但对于未接受过正规教育的成年人来说，将"教育机会"与"发展机会"在短期内建立起关联并非易事，尤其是当人们意识到，孩子接受了基础教育并不意味着更为长远的升学和就业保障，这致使搬迁家庭对于迁居城镇后的未来发展难以制订出明确的计划。

正因如此，当地居民搬迁意愿的快速提升与搬迁后生计模式的缓慢转变形成了强烈反差。在许多昂赛乡居民看来，孩子接受免费教育是个良好的机遇，但他们不会卖掉牦牛来购置房屋，寄希望于子女一代接受教育后在城镇落脚，转变世代延续的生活方式。对于那些已举家迁居县城和市镇的牧户来说，城镇生活也并不意味着告别传统生计，他们中的大多数仍然在牧区保有牲畜，请亲戚照管或花钱雇人放牧，并在每年的虫草采集季回到牧区，依靠虫草采挖收入维持全家在城镇里的生活。也有搬迁的牧户卖掉了需要照料的母牛和小牛，将大公牛留在自家草场上散养，维持每年冬宰的需求。

5.2.2　规避人兽冲突风险

除子女教育之外，另一个被受访者提及最多的搬迁原因是人兽冲突。据当地居民反映，虫草采集季期间，冬草场上无人居住的房屋被棕熊光顾的频率以及人们在野外遭遇棕熊的次数近年来在逐渐增加，且严重程度频频升级。2017年7月，昂赛乡S村一对父女在采挖虫草时遭遇棕熊攻击，致使面部严重受伤，所幸无生命危险。2019年春季，一名R村村民在山上遭遇棕熊袭击后当场死亡。上述事件的发生，使得人兽冲突带来的影响在当地居民眼中逐渐由财产损失转变为对人身安全的威胁。

在三个村子的全部受访者中，R村村民的搬迁态度受人熊冲突加剧影响最为显著。"本来想过五六年，等小孩长大一点儿再搬。去年熊伤了人，现在一年也不愿等了。"一名居住在R村三社的受访者在提及自己的搬迁计划时，这样解释道。从2019年开始，这名受访者替已经搬走的邻居放牧以赚取劳务费，计划等到攒够在县城买地皮和盖房子的钱就马上搬迁。在访谈过程中他还提到，自己家住的这条沟原先有13户人家，大家从六七年前开始陆续搬迁，除了考虑孩子上学之外，最主要的原因是怕遇见熊，如今附近只剩下他和另一户居民还留在草场上。

而R村二社另一名受访者的搬迁意愿则更为迫切："实在是不敢住了，借钱也要在杂多（县县城）买房。现在房子里有人住的时候熊也敢来，人在屋里睡着觉，熊就在旁边仓库里乱翻，早上一看，挂的风干肉被它拿走了。仓库里东西拿完了，下回可能就进屋了。"他的家距2019年那名R村村民被袭击的地点仅有1千米之遥。为了避免棕熊进入房屋，当年搬回冬草场之后，这名受访者家中每晚轮流派出一名成员，彻夜坐在停在院门口的汽车里看守，当熊出现时开车灯鸣笛将其赶走。

R村二社除了棕熊较为活跃之外，也是草坡与裸岩交替的典型的雪豹栖息地。另一名居住在R村二社的受访者考虑搬迁，则是因为近年来被雪豹捕食的家畜日益增多。"现在家里的牛每年都被雪豹吃掉八九头，牛越养越少，再养下去也没什么意思了。"由于自家草场山势陡峭，牦牛因躲避雪豹追捕而摔死的情况也不在少数："这条沟里石头多，雪豹一出来，牛光顾着躲它，看不见脚下的路，跑着跑着就掉下来摔死了。"据这名受访者估算，近十几年间，整个R村二社有七成居民已搬到城镇居住。

与仅为照顾上学子女而迁居城镇的家庭仍保有牲畜的做法不同，受人兽冲突影响而搬走的牧户往往采取更为彻底的搬迁方式——变卖所有牦牛，不再从事畜牧业。"雇人放牧一个月两三千块，也要考虑他的安全，人家住在自己房子里，每次被熊扒坏的门窗家具都要好好修上。一年算下来，挖虫草的钱都不够，干脆把牛卖了省事。"

5.2.3　不同性别与年龄的居民的搬迁意愿差异

除了前面提到的因素之外，受访居民对于迁居城镇的态度与其性别和年龄也有一定关联。女性居民的搬迁意愿要明显高于男性，无论在接待家庭还是非接待家庭中，女性成员在被单独问及对于搬迁的态度时，无一人表示愿意留居牧区。即便家中不具备搬迁条件的女性受访者也展现出了对城镇生活的强烈向往："最大的愿望就是搬到县城去住，但现在买不起房子，除非把牛都卖了。"与男性受访者相比，她们的谈话内容中更多地出现了"水""电""看病""买东西"等与日常生活相关的词汇。对这些女性受访者而言，城镇生活的最大吸引力在于便利的生活条件。而男性成员在谈论有关移居城镇的话题时，则会更多考虑"生活开销"以及"有没有事情做"。

受访者年龄与搬迁态度之间的关联更为复杂。与我们调研前所持有的"年纪越大越保守"的预期相反，与20～30岁的青年人相比，中年受访者呈现出了更大的不确定性。尚未在城镇购房（甚至目前存款不足以购房）却表示将来想要迁居城镇的受访者年龄均为45岁以上；已在城镇买房的家庭中，采取城镇和牧区轮流居住的生活方式，或移居城镇后又回迁牧区的也几乎全为中年群体。相比之下，接待家庭和非接待家庭中的12名30岁以下的青年受访者则呈现出非常明确的两极分化：未在城镇购置住房者通常也没有表现出明确的搬迁意愿；已在城镇购置住房或家庭存款足够买房的，都有着明确的短期搬迁计划。

结合受访者提供的理由可以看出，在考虑搬迁问题时，青年人通常根据个人偏好与家庭经济状况做出判断。相比之下，中年人除了考虑以上两点之外，还要兼顾其他家庭成员的发展和需求，例如，年幼的孩子需要优质教育，年迈的父母需要便捷的就医条件。这些因素促使他们将为数不多的积蓄优先用于购买城镇里的地皮和房屋，以此建立搬迁的必要条件，为日后迁居寻求可能。而城镇里沉重的生活负担以及自己和伴侣养老得不到保证的惨淡前景，加之对孩子结束学业后难以在城镇就业的担忧，则让他们的搬迁意愿回归保守，由此呈现出一种矛盾的态度。

老年受访者的想法则传达出与代际更替和政策变化相关的信息。在6名60岁以上的受访者中，仅有1人明确表示希望留在牧区终老，其余5人无一例外都表现出了对搬迁的兴趣。随着年岁渐长，他们已将家庭决策者的角色转移给后辈，在权衡利弊时，优先考虑的是医疗与生活的便利。尽管他们中有些人提到，是否搬迁还要看儿子的计划，但都表示如果有机会，希望能前往城镇居住。此外，与根据家庭经济状况进行决策的中青年相比，老年受访者更多地将希望寄托于福利政策。他们中有人向调研者询问迁居城镇是否能领到补贴，还有人表示："如果政府能给每家每户在县城里盖一套房子，就帮了大忙。"但与此同时，老年受访者中有人提到，即便今后移居城镇，也希望能有一名家庭成员留在牧区，因为"草场总归要有人继承"。

5.3   参与自然体验项目对接待家庭搬迁态度的影响

仅从访谈中得到的信息来看，在搬迁需求相差不大的情况下，接待家庭具备更好的搬迁条件，但搬迁意愿却显著低于未直接参与项目的家庭。然而，在协助项目开展的过程中，我们发现产生这一现象的原因不能简单归于自然体验项目提高了参与者留居牧区的意愿。接待家庭中的一部分受访者有可能出于被取消接待家庭资格的担忧，因此没有提及家庭的搬迁计划。一名接待家庭向导于2016年在结古镇买下一块地皮，房子建成后带着妻子和孩子搬到了镇上，牧区的房屋和牛群已在迁居后交给亲戚照管。据了解，除了接待自然体验者的时候，他和家人很少回到昂赛乡。但在正式的访谈中，他强调买房子只是为了临时照顾孩子上学，自己一半时间住在结古镇，另一半时间住在昂赛乡牧区，并且会在不久的将来回到牧区养老。

当然，不能以此判定访谈中接待家庭受访者展现出的与非接待家庭的差异不能反映他们的真实想法。我们认为，参与自然体验项目对接待家庭的搬迁态度的确产生了影响，但体现方式具有复杂性和多面性，下文将对四户不同情况的接待家庭案例进行详细分析，以此说明项目的开展在社区参与者搬迁决策中发挥的作用。此外，接待家庭向导CN对迁居户附近栖息地野生动物行为变化的观察及其对搬迁一事的态度转变，为探讨当地居民搬迁城镇对生态环境产生的潜在影响提供了宝贵视角。

5.3.1   搬迁者SN："以后再回去，就是为了挖虫草和接待客人了"

49岁的接待家庭向导YP一家是R村四社一户拥有9口人的大家庭。在项目开展之初，夫妻二人与刚结婚不久的大儿子SN、儿媳和其他5个尚未成家的孩子共同生活在牧区。在2019年4月进行的入户访谈中，在被问及是否有移居城镇的打算时，YP予以坚决否认，解释说自己只有在临时有事前往县城时，才会在当地的亲戚家小住，并表示希望能够长期留在牧区生活。但同年7月，虫草采集季刚一结束，YP就带着妻子和正在上学的孩子们搬到了杂多县县城自家新购置的房屋里居住。留下23岁的大儿子SN、儿媳和20岁的大女儿三人在牧区看管牲畜。SN一并接替了此前由父亲担任的接待家庭向导的职位，与妻子和妹妹共同接待自然体验项目的客人。

2020年初，SN的儿子出生。在虫草采集季过后，SN也带着妻子和不满一岁的儿子离开了牧区，搬到了在结古镇租住的房屋。在他搬家后的第4天，我们前往他的新住处进行了短暂拜访。SN表示，由于自己家在牧区的住所离2019年棕熊伤人的事发地点不远，妻子担心遭遇人熊冲突，加之刚出生的孩子体弱多病，需要经常就医，因此决定搬离昂赛乡。起初，SN想前往县城和父母一家共同生活，但由于父母家的住房面积有限，也要租房才能住下。经过再三考虑，一家三口干脆搬到了结古镇。在闲谈中，SN还提到，因为家中的弟弟妹妹要在县城上学，父亲实际上早就有了搬家的打算，由于担心被取消接待家庭的资格，所以没有在上次的访谈中说明情况。

SN还透露，他和妻子的储蓄已经不多了，在镇上生活只能维持到年底。由于当年采挖虫草的收入不高，加之自然体验项目因疫情暂停运营，预计后半年家庭收入也不会有大幅增加。他想在镇上打零工赚钱，询问我们是否知道有哪家餐馆招收洗碗工或服务员。在我的结古镇本地同事的建议下，他决定去出租汽车公司寻找就业机会。

与昂赛乡大多数搬迁者不同的是，YP一家在迁居城镇的同时，也在为生计转型做着准备。SN告诉我们："妹妹也准备去杂多（县县城）找个工作。她一个人看不了那么多牛，前些日子把家里母牛和小牛全卖了，只留下30头公牛在山上，就当是放生了。"在他眼中，迁居意味着自己和家人正式告别了牧区，而进行自然体验项目接待，将是离开牧区之后昂赛乡对于他为数不多的羁绊之一："以后再回去，就是为了挖虫草和接待客人了。"

5.3.2 计划搬迁者SZ："有了接待客人的收入，可以早点搬家"

R村五社的27岁向导SZ曾在少年时离开家乡求学，他毕业于兰州市的一所专科学校，能流利读写汉语和藏文，是昂赛自然体验项目接待家庭中唯一一名拥有初中以上学历的向导。SZ毕业后曾在兰州短暂工作，但因不习惯当地的社会环境，加上家中年迈的父母无人照料，最终选择回到牧区，与当地的姑娘结了婚。但SZ回乡后的生活也并不如意，他和从小在牧区长大的同龄伙伴之间已经没有了共同语言，对于村子里的赛马节、宗教法会等公共活动也毫无兴致。2020年初，SZ的第三个孩子刚刚出生，大女儿也到了即将入学的年龄，SZ开始重新做起搬迁城镇的准备，期待有朝一日能带着家人彻底告别牧区生活。

SZ对于自己的搬迁计划直言不讳，甚至表示参与项目是促使他提前做出搬迁决定的原因之一。SZ在访谈中坦言："本来想着等女儿上学之后再考虑，现在接待（自然体验项目）客人，每年能存下一些钱，准备明年先在县城买块地皮。"对于搬迁后的生活，SZ已经做好了详细的规划："到时候母牛、小牛都卖了，公牛留着放在山上，草场让爸爸和哥哥他们用。搬走了不耽误挖虫草，每年可以照样拿草原补奖款，这边的人都是这样。省着点用，足够在县城生活了。"在SZ对未来迁居城镇的生活规划中，做自然体验项目的向导仍是重要的生计来源："每年挖完虫草回来好好修一下（被熊扒坏的）房子，接待客人的时候不能破破烂烂的。"

5.3.3   回迁者LZ："留在牧区做向导，总能吃上饭"

45岁的接待家庭向导LZ的家位于S村四社。2012年，为了方便照顾在县城里上学的孩子，LZ卖掉了家中全部牦牛，出租了自家草场，用13万元在县城买地盖了一间房子，带着全家人一起搬到了县城居住。但家里的两个儿子却无心考学，在小学期间相继中断了学业。LZ带着儿子们先后做过玉石和土特产生意，却因不了解市场行情，均以亏损告终。随着家庭积蓄的减少，LZ一家人仅依靠每年回乡采挖虫草的收入和政府发放的补贴，难以维持在城镇的开销。2016年，LZ带着家人搬回牧区，并向亲朋借钱再次购买牦牛，重新开始了放牧生活。

回想起四年来的城镇生活，LZ感叹道："杂多（县县城）只有那么小一块地，盖了房子全家人挤在一起，根本不够住。县城东西也贵，当时把牛卖光了，肉、酸奶、酥油和曲拉这些都要去外面买，没有住在牧区的时候方便。"访谈进行时，正值自然体验项目开展的第二年，LZ决定卖掉县城的房子，在牧区添置更多的牲畜。"虫草价格一年高一年低，今后怎样谁都说不好。但是来国家公园的人越来越多了，儿子留在牧区做向导，总能吃上饭。"与此同时，LZ也想到，儿子们将来可能会有自己的选择："年轻人都想往外跑，想去城里生活，以后怎么样，就看自己的本事了。"在LZ眼中，他为儿子们开辟的这条道路——留在家乡接替自己成为自然体验项目的向导，是青年人未来可能尝试的种种选择之外的一个稳妥的保障。

5.3.4　计划回迁者CN："人走后，草变差了，雪豹也走了"

36岁的接待家庭向导CN的家位于R村二社，由于居住地附近是整个昂赛乡雪豹、狼和棕熊最活跃的地带之一，CN家多年来一直饱受激烈的人兽冲突困扰。2015年，为了降低家畜被野生动物捕食造成的损失，CN卖掉了自家牲畜，从一户搬走的邻居手中承包了53头牦牛，在自家的草场上放牧，并将每年的畜产品返还给租赁者以抵扣牲畜租金，而野生动物捕食造成的损失由双方共同承担，每年新生的小牛则归自家所有。通过这种方式，CN降低了人兽冲突给自家带来的经济风险，将畜牧从独立劳作的生产手段转变为合作经营的生计方式。

2018年7月，CN一家被乡政府选为自然体验项目接待家庭。在参与项目的三年时间里，通过与自然体验者的接触，CN学会了用英语和法语进行简单交流，掌握了各种单反相机、无人机等电子设备的操作方法，还可以用客人的笔记本电脑熟练传输照片数据。为了提高搜寻雪豹的成功率，除了在野外仔细辨识雪豹留下的痕迹之外，CN还在没有通信信号覆盖的村社建立起了一套独特的邻里通信网络："我带客人的时候跟邻居约定好，他们白天放牛时看见雪豹，就给我留个信号。我晚上回家看见门上拴的哈达，就知道去找谁问。"凭借得天独厚的地理位置优势以及个人的天赋与努力，CN成为自然体验者眼中的明星向导。

2018年底，CN退掉了此前租赁的牦牛，以每月300元的价格从杂多县县城的亲戚手里租下一套简易房屋，带着全家人一起搬到了县城，仅在接待自然体验者期间才回到牧区。2020年初，他用自己多年的积蓄在县城买下一块地皮，自建起一座铁皮房。当年虫草采集季之后，CN带着全家人搬到了县城的新家居住。在被问及搬迁原因时，CN谈起了昂赛乡落后的教育水平与对孩子前途的担忧："没人愿意让孩子在乡上的小学里念书，老师教得太差劲，在那边上学还不如放牛呢，纯粹是浪费时间！"他指着站在一边的大女儿说："最早送她去乡上读小学，到了考试我一看，什么都没学会，汉字也认不了几个！我想这样下去肯定不是办法，就转到县城的学校来了。"

2020年8月，为了接待即将到来的自然体验团队，CN回到昂赛乡牧区的家中，收拾久未居住的房屋。我跟随CN一起回到R村二社，途中遇到了正带领客人在附近寻找动物的向导SZ。在与SZ的交流中我们得知，他已经带客人在附近搜寻了五天，没看到一点儿雪豹的踪迹。"以后还是得搬回来。"在与SZ分别后，CN对我说道，"原先住在这里的人都搬走了，牛也都跟着卖了，雪豹抓岩羊抓不到，没得吃。等最后一户搬走的时候，雪豹也就走光了。这样下去，过不了几年，就没人来自然体验了。"隔天，当我再遇见带着客人找雪豹的CN时，他又强调了一次自己回迁的决心："我这两天好好看了一下，今年山上的牛少了以后，草长得也不是那么好了。一点儿不开玩笑，明年我真的要搬回来。老婆留在杂多（县县城）照顾孩子，我自己回来住。以后孩子大一点，能自己生活了，我让老婆也搬回来。"

5.4　当地村社干部对于搬迁接待家庭的看法

为了了解当地村社干部对参与自然体验项目的家庭迁居城镇所

持有的看法，我们分别访问了N村和R村4名现任与前任干部。N村原村主任CW认为，接待家庭搬迁对于开展自然体验项目影响不大："村里的老百姓一般不会主动离开草场，搬走的人主要是为了孩子上学，迫不得已。每次做接待的时候回来，同样能把工作做好。"对于已搬走的接待家庭，他认为应当保留其接待资格："现在搬走的那些人，以后孩子读完书还可以再搬回来嘛。要是因为孩子上学就做不成接待，以后村里有文化的人越来越少，留下来接待的都是没文化的。"

　　N村党支部书记LJ的意见代表了另一种看法："国家公园成立以来，政府在基础设施建设上的投入很大，现在国家公园（核心保护区）里也可以有人住着。从我个人的角度，当然是希望大家能留下来，希望自然体验项目可以成为让大家留下来的基础。"对于接待家庭搬迁城镇的做法，LJ表达了自己的顾虑："问题在于，客人到了他们就回来，客人一走他们也走了。对于留居户来说，这些搬走的接待家庭也像客人一样，在大家眼里，他们成了外人。时间一长，搬走的（接待家庭）越来越多，自然体验项目就变得跟当地居民毫无关系了。"R村的村主任和村党支部副书记也持有和LJ类似的看法，认为选拔接待家庭的首要条件，应当是住在本地的居民。

　　除了对社区参与程度降低的担忧，LJ不赞成接待家庭搬迁的另一个原因则是出于对接待服务质量的考虑："从自然体验项目本身来说，最好还是选择留居户。在食宿条件方面，留居户一直住在这里，搬迁户每次提前一两天过来，临时准备，质量肯定是不一样的，住在这里的人可以让产品质量发挥得更好。"对于已经移居城镇的接待家庭，LJ认为不应再保留他们参与自然体验项目的资格："应该跟搬走的几户沟通一下，如果真的想做向导，必须留下来。不能留下来的话就把名额让给其他住在草场上的人，整个N村有557户，一户搬走了，还有很多人想做。"

5.5 生态旅游特许经营试点的开展在社区居民搬迁决策中起到的作用

综合上述调研结果，影响当地居民搬迁态度的两个最主要的因素是子女教育和人兽冲突。其中，提升子女教育条件是居民决定搬迁的直接原因，而遭遇人兽冲突的经历会对牧户的搬迁时间与迁居后的生计方式造成影响。与此同时，城镇里高昂的生活开销和不稳定的收入来源又使得部分居民对城镇生活的前景持有消极态度，在做出搬迁决策的同时，仍保留回归牧区的选择。接待家庭搬迁条件普遍优于其他居民，搬迁需求与其他居民相同，但展现出较低的搬迁意愿，有超过半数的接待家庭表示，希望将来能够留居牧区。尽管在现阶段，自然体验项目的开展没有对参与者的搬迁态度产生决定性影响，但项目提供的就业机会与经济收入，在接待家庭搬迁或回迁的决策中发挥了重要作用。

通过对访谈文本的分析可以看出，随着保护政策的实施和市场机遇的降临，当地居民对于迁居城镇的态度不断改变，家庭结构也会随之出现变化。从这个角度来说，一方面，国家公园内的生态旅游特许经营试点为参与项目的家庭提供了更多的选择。在帮助想要搬迁的家庭提升经济基础的同时，也为期望留居牧区的居民提供了畜牧之外的其他生计保障。但另一方面，如果仅仅是增加家庭的经济收入，而不能为居民日益变化的生活方式和人际关系需求提供支撑，生态旅游特许经营的开展有可能会和其他经济与社会因素共同作用，成为项目参与者家庭内部需求出现分化的原因之一，导致更多牧区–城镇迁徙型家庭和城乡分居家庭的出现，从而造成社区居民家庭结构的碎片化。

除此之外，有自然体验项目接待家庭向导注意到，伴随居民迁居城镇而发生的大规模减畜会造成草场退化，并猜测食物来源的减少会促使野生食肉动物的活动区域发生转移，最终导致其迁徙。关于这一点，我们的调查未能予以证实，需要结合卫星遥感图像和红外相机监测数据进行分析与求证，但这一观察为了解居民搬迁给当地生态环境带来的影响提供了可供探索的方向。

第六章

亲密的陌生人：生态旅游对居民社会

关系网络、家庭角色与性别观念的影响

　　自然体验项目在昂赛乡的开展，使得当地居民在相对短的时间内获得了大量与来自世界各地的自然体验者接触的机会（图6.1），这不仅增加了本地社区与外来群体的互动，也改变了社区内部人与人之间的关系，甚至打破了原有的社会规范，塑造出崭新的价值观与行为准则。

(a)　　　　　　　　　　　　　　　　　　　　　(b)

图6.1　接待家庭与自然体验者的互动。（a）一对来自北京的自然体验者夫妇居住在接待他们的年轻夫妻家里，在短暂的相处过程中亲如一家；（b）两名来自国外的自然体验者正在给向导和他的儿子展示在日记中为他们画的肖像速写

　　为了考察自然体验项目给社区参与者的社会与家庭关系带来的变化，我们将受访者按性别和年龄分为四个类群，收集了来自接待家庭和非接待家庭中分属不同类群的14名受访者的日常联络人信息，并以此为基础绘制出每个类群代表者的社会关系网络图。从不同类群受访者的联络人特征和社会关系网络密度，分别对接待家庭与非接待家庭群体的社会关系网络差异进行考察。

　　为了进一步探究项目开展对社区参与者性别观念产生的影响，我们以接待家庭成员QZ为例，从青年女性的视角，讲述项目开展以来，在与自然体验者不断互动的过程中，她与家人相处方式的变化以及参与项目对于自身职业发展、性别认同、人际关系等方面所产生的微妙而深远的影响。我们还通过参与式观察的方式，记录了参与项目对接待家庭成员性别观念的影响。并以此为契机，探讨自然体验项目给当地居民的家庭和社会关系带来的机遇、困扰与挑战。

6.1　参与自然体验项目对接待家庭成员社会关系网络产生的影响

调研涉及的14名受访者年龄在17~55岁，男性8人，女性6人。其中7人为接待家庭成员，7人为非接待家庭成员。我们分别收集了14名受访者在此前一个月中联系频率最高的10个人的姓名、年龄、性别、关系类型、居住地以及互动方式，并整理成表格。为了便于在两个群体特征相似的个体之间进行比较，我们按照性别和年龄特征（以25岁为界①），将受访者分成中年男性、中年女性、青年男性、青年女性四个类群，并在每个类群中选择在教育经历与婚姻状况等方面相差不大的一名接待家庭成员与一名非接待家庭成员，绘制出他们以"自我"为中心的社会关系网络结构图。从受访者的联络人数量、空间分布、关系类型，以及社会关系网络密度和多样性等角度，分别对属于不同类群的接待家庭与非接待家庭成员的社会关系网络差异进行考察。

需要说明的是，以下图表未必能够准确、完整地反映出受访者的社交关系网络。首先，受访者提供的日常联络人年龄、居住地等信息可能与实际情况存在差异；其次，联络人不一定是受访者在此前一个月中互动最频繁的对象②。但考虑到受访者提供的原始数据能直接反映他们对自己社会关系的认知，因此在绘制社会关系网络图时，我们采用了受访者本人在表格中填写的内容，对个别经过交叉验证后被证实有误的信息未作调整。此外，由于当地居民的友邻与亲缘关系错综复杂，受访者的某位朋友可能同时也是其邻居或亲属。当社会关系发生重叠时，我们采纳了受访者本人对关系的第一定义——因为受访者对联络人进行分类的方式也间接反映出他们对彼此关系的期望。

---

① 25岁左右通常是当地青年人建立婚姻关系的年龄，也是社会关系发生重塑的重要时期。婚后几年，特别是对于男性而言，姻亲会逐步取代旁系血亲，成为个人社会关系网络中的核心组成部分。

② 有些受访者为了表明自己拥有广泛的社交圈，填写的联络人中可能会出现一些不常联系的异地朋友，而每日打电话、见面的亲戚或邻居，则可能被忽略，这一点在年龄较小的男性受访者中体现得尤为明显。

6.1.1 昂赛社区居民的社会关系网络构成

1.中年男性

受到本人和配偶出生地、社会公共事务参与程度与家庭搬迁经历的影响，中年男性受访者的社会关系网络存在着很大的个体差异。调研共计采访了5名25岁以上的男性居民，其中1人为从苏鲁乡入赘本地的外来居民，1人为S村居民，在县城与牧区轮换居住，还有1人为R村居民，曾担任R村三社社长。其余两人分别是居住在S村二社的55岁非接待家庭成员PC和居住在N村二社的38岁接待家庭向导NG（表6.1，表6.2）。PC和NG两人均在昂赛乡出生、长大，均未接受过正规教育，未在村社担任任何职务，且妻子同为当地人。考虑到他们的日常联络人构成具有当地居民社会关系的普遍特征，因此选择他们的联络人信息，绘制代表中年男性类群的社会关系网络图（图6.2）。图中的四个同心圆从里向外分别代表：乡域、县域（包括同县其他乡）、州域（包括本州内其他县）、玉树州以外地区。实线和虚线分别代表面对面交际和远程联络。图6.3～图6.5同。

表6.1　PC的日常联络人

序号	姓名	年龄	性别	关系类型	居住地	互动方式
1	GY	91	男	叔叔	杂多县县城	见面
2	CP	45	男	侄子	杂多县县城	远程
3	JL	51	男	弟弟	昂赛乡（S村四社）	见面
4	ZM	59	男	哥哥	杂多县县城	见面
5	BC	57	男	大舅子	昂赛乡（S村四社）	见面
6	DJ	43	男	侄子	杂多县县城	远程
7	YD	31	男	女婿	玉树市结古镇	远程
8	GL	78	男	大舅子	昂赛乡（S村一社）	见面
9	JG	76	男	大舅子	昂赛乡（S村一社）	见面
10	AD	55	男	妹夫	莫云乡	远程

注：PC，55岁，男，S村二社，非接待家庭成员。

表6.2　NG的日常联络人

序号	姓名	年龄	性别	关系类型	居住地	互动方式
1	CR	14	男	儿子	杂多县县城	见面
2	GT	48	男	大舅子	昂赛乡（N村二社）	见面
3	BM	33	男	小舅子	昂赛乡（N村二社）	见面
4	YC	47	男	朋友	杂多县县城	远程
5	YD	35	男	朋友	昂赛乡（N村二社）	见面
6	GZ	42	男	兄弟	杂多县县城	远程
7	YX	51	男	兄弟	玉树市结古镇	远程
8	DZ	55	男	表兄弟	玉树市结古镇	远程
9	TD	29	男	兄弟	昂赛乡（S村四社）	见面
10	RQ	51	男	姑父	昂赛乡（N村二社）	见面

注：NG，38岁，男，N村二社，接待家庭成员。

在两人的社会关系网络图中，联络人的关系类型均以亲属为主，除同胞兄弟、结婚离家的儿子、旁系亲属的后代以及健在的长辈等与本人具有血缘关系的亲属之外，还包括大（小）舅子、女婿、姐（妹）夫等姻亲。其中与自己有血缘关系的联络人占五至六成，其余是姻亲关系。从互动方式上来看，面对面交际的联络人在名单中约占三分之二，另外三分之一为远程联络。

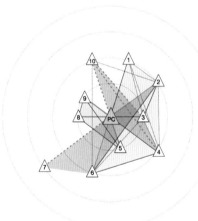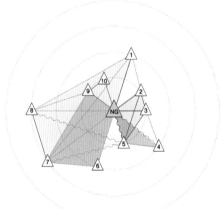

△ 受访者本人　　—— 血亲关系　　▨ 血亲交际圈　　　　▨ 姻亲交际圈

△ 男性联络人　　—— 姻亲关系　　▨ 同胞兄弟姐妹（及其配偶）交际圈

○ 女性联络人　　∿ 朋友或熟人关系　▨ 直系/旁系后辈亲属（及其配偶）交际圈

▨ 无亲缘关系的朋友或熟人交际圈

图6.2　本地中年男性社会关系网络

值得注意的是，在受访的5名中年男性中，只有1人的联络人名单里出现了两名女性，分别是在本村生活的母亲和同胞姐姐（姐姐终生未婚，年轻时曾出家为尼，还俗后与母亲共同生活）；而包括PC和NG在内的另外四名受访者的日常联络人则全部为男性。中年女性的社会关系网络中虽然也以同性为主，但均包含男性亲属①。

2. 中年女性

在就此话题接受访问的六名女性受访者中，25岁以上的有四名。其中1人在囊谦县出生长大，19岁嫁到昂赛乡，在她的日常联络人中，囊谦县居民占半数；另一名受访者虽是土生土长的昂赛乡本地人，但只提供了三名联络人信息②。因此，我们在4人中选择了同样生于昂赛乡的已婚中年女性居民——S村四社53岁的非接待家庭成员JD和N村二社50岁的接待家庭成员WM绘制其社会关系网络图，进行对比分析（表6.3，表6.4）。

表6.3　JD的日常联络人

序号	姓名	年龄	性别	关系类型	居住地	互动方式
1	CW	47	女	妹妹	昂赛乡（S村四社）	见面
2	BQW	40	男	弟弟	昂赛乡（S村四社）	见面
3	NC	46	男	弟弟	杂多县县城	远程
4	XQ	88	女	母亲	昂赛乡（S村四社）	见面
5	CJ	27	男	儿子	玉树市结古镇	远程
6	GD	31	女	女儿	杂多县县城	远程
7	QT	25	男	儿子	杂多县县城	远程
8	ZM	34	女	外甥女	昂赛乡（S村四社）	见面
9	BJ	60	女	大姑子	杂多县县城	远程
10	NM	55	男	熟人	杂多县县城	远程

注：JD，53岁，女，S村四社，非接待家庭成员。

① 很可能是因为中年男性的社会关系网络丰富程度高于女性，男性受访者能够很容易地从日常联络人中选出10名同性联络人，而女性的社交圈相对有限，对她们来说，选出10名同性日常联络人则没那么容易，因此，即便往来不那么频繁的异性，也被女性受访者列入日常联络人。
② 据观察，这名受访者的日常联络人虽不算多，但也不止三人，可能是出于个人隐私考虑，不愿填写其他人。

表6.4　WM的日常联络人

序号	姓名	年龄	性别	关系类型	居住地	互动方式
1	GZ	51	女	姐姐	玉树市结古镇	远程
2	CJ	46	女	妹妹	杂多县县城	远程
3	RN	45	男	弟弟	杂多县县城	远程
4	SA	35	男	弟弟	昂赛乡（N村二社）	见面
5	LM	28	女	大女儿	杂多县县城	远程
6	YZ	26	女	二女儿	玉树市结古镇	远程
7	QS	32	男	弟弟	昂赛乡（N村二社）	见面
8	ZY	33	女	妹妹	杂多县县城	远程
9	SN	46	女	朋友	玉树市结古镇	远程
10	QM	39	女	朋友	昂赛乡（N村二社）	见面

注：WM，50岁，女，N村二社，接待家庭成员。

　　由于不常出门拜访亲友，两名中年女性受访者没有像同龄男性那样广泛的在地社交生活（图中实线所示），但她们的远程日常联络人覆盖相对较广（图中虚线所示），且其社会关系构成与上文中两名中年男性受访者存在着共同的部分——同胞兄弟姐妹、健在的长辈、本人子女以及旁系亲属的后代（图6.3）。与中年男性群体不同的是，两名中年女性的日常联络人名单中包括已成家的异性亲属（儿子和兄弟），并非只有他们的女性配偶。此外，在她们填写的日常联络人名单中，血亲占据主导。在亲属网络之外，WM还拥有与自己不存在

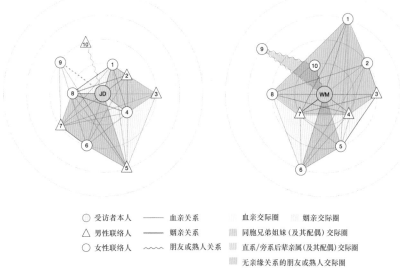

图6.3　本地中年女性社会关系网络

亲缘关系的独立朋友圈，但无论从关系数量还是联络强度来看，都不引人注目。

3. 青年男性

在3名25岁以下的青年男性受访者中，其中1人的亲朋好友几乎已全部定居城镇，自己也即将随父母迁居玉树市。另外两人GZ和RZ的成长经历与生活背景在当地青年男性居民中相对具有代表性。R村三社24岁的GZ是非接待家庭成员，未接受过正规教育，2019年初结婚之后从父母家中搬离，尚未生育后代（表6.5）；N村二社的20岁接待家庭成员RZ自初中起在玉树市结古镇上学，一直暂住亲戚家中，中专毕业后回到昂赛乡，和父母共同居住（表6.6）。我们绘制了二人的社会关系网络图，以此为例进行对比。

表6.5　GZ的日常联络人

序号	姓名	年龄	性别	关系类型	居住地	互动方式
1	CP	51	男	父亲	杂多县县城	见面
2	JY	25	男	表哥	昂赛乡（跃尼贡）	见面
3	TJ	40	男	舅舅	杂多县县城	远程
4	NC	31	女	姐姐	杂多县县城	见面
5	QN	50	男	熟人	玉树市结古镇	远程
6	GJ	27	女	姐姐	杂多县县城	见面
7	DD	34	男	朋友	昂赛乡（R村三社）	见面
8	TW	23	男	朋友	杂多县县城	见面
9	BD	18	男	小舅子	囊谦县	远程
10	CR	29	男	表哥	玉树市结古镇	远程

注：GZ，24岁，男，R村三社，非接待家庭成员。

表6.6　RZ的日常联络人

序号	姓名	年龄	性别	关系类型	居住地	互动方式
1	BM	20	男	同学	曲麻莱县	远程
2	AW	23	男	朋友	昂赛乡（N村二社）	见面
3	WJ	22	男	朋友	昂赛乡（N村二社）	见面
4	DP	24	男	朋友	杂多县县城	见面
5	QN	28	男	舅舅	昂赛乡（N村二社）	见面
6	GM	22	男	朋友	玉树市结古镇	见面
7	QS	32	男	舅舅	昂赛乡（N村二社）	见面
8	SA	35	男	舅舅	昂赛乡（N村二社）	见面
9	DJ	37	男	哥哥	四川省	远程
10	YZ	26	女	姐姐	玉树市结古镇	见面

注：RZ，20岁，男，N村二社，接待家庭成员。

　　由于尚未成家或刚刚步入婚姻，姻亲在他们的社会关系网络中占比不大。尽管GZ在婚后与配偶的个别亲属有频繁往来，但尚未形成中年男性社会系网中具有一定规模的"姻亲交际圈"。他们的日常联络人以父亲和母亲家族中的旁系血亲为主，形成了由父系/母系亲属和婚后离家的同胞①共同构成的两个相互交叉的圈子（图6.4）。对比中年男性的社会关系网络可以看出，随着年龄增大，堂表亲之间的联系可能会逐渐减弱，被结婚成家的同胞兄弟姐妹及他们的子女所取代。

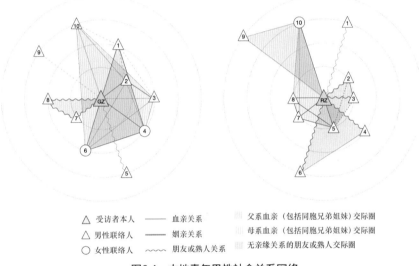

△ 受访者本人　　―― 血亲关系　　父系血亲（包括同胞兄弟姐妹）交际圈
△ 男性联络人　　―― 姻亲关系　　母系血亲（包括同胞兄弟姐妹）交际圈
○ 女性联络人　　～～ 朋友或熟人关系　　无亲缘关系的朋友或熟人交际圈

图6.4　本地青年男性社会关系网络

　　对于青年男性来说，除了亲属之外，朋友或同学也是他们社会关系网络中的重要组成部分。曾在玉树市上学的RZ同时拥有两个互不重叠的非亲缘社交圈，即便是未上过学的GZ，也在昂赛乡当地拥有与自己不存在血缘关系的朋友。与其他类群的受访者相比，在青年男性的社会关系网络中，朋友与亲属的重叠度是最低的。此外，青年男性受访者与其日常联络人的互动方式以见面为主②，据观察，他们的线上社交圈也比其他类群更为活跃。

―――――――――
① 未婚的兄弟姐妹仍和父母住在一起，彼此之间的联系未在图表中单独体现。
② 可能只是因为与父母一代或同龄女性相比，青年男性往返城镇的频率更高，有更多与亲朋见面互动的机会。由于每人最多只填写10名日常联络人，因此这种方式在表格中占比较大，但不能说明面对面交际在他们的社交方式中占据主导地位。

4. 青年女性

受访者中的两名青年女性——居住在R村二社的21岁非接待家庭成员SJ和N村二社19岁的接待家庭成员QZ有着相似的背景。QZ于小学三年级时辍学，SJ未接受过正规教育，两人均未婚育，且与父母和尚未成家的兄弟姐妹共同生活。考虑到她们的家庭环境与成长经历在昂赛乡当地的青年女性中具有一定代表性，因此，直接将二人的日常联络人表格绘制成社会关系网络图进行对比分析（表6.7，表6.8）。

表6.7　SJ的日常联络人

序号	姓名	年龄	性别	关系类型	居住地	互动方式
1	AD	23	女	姐姐	昂赛乡（N村二社）	远程
2	CN	36	男	叔叔	杂多县县城	偶尔见面
3	BD	33	男	叔叔	杂多县县城	远程
4	SD	28	女	小姨	杂多县县城	远程
5	QJ	18	女	朋友/表妹	昂赛乡（R村二社）	见面
6	LC	30	女	小姨	杂多县县城	远程
7	CY	33	女	婶母	杂多县县城	远程

注：SJ，21岁，女，R村二社，非接待家庭成员。

表6.8　QZ的日常联络人

序号	姓名	年龄	性别	关系类型	居住地	互动方式
1	YZ	27	女	闺蜜/表姐	玉树市结古镇	远程
2	ZX	20	男	表哥	杂多县县城	远程
3	老肖	41	男	朋友	湖北省	远程
4	MD	33	女	小姨	昂赛乡（N村二社）	见面
5	飘飘	26	女	朋友	北京市	远程
6	陈老师	45	男	老师	西藏自治区	远程
7	GS	21	女	朋友/堂姐	昂赛乡（R村一社）	见面
8	BS	22	男	堂哥	杂多县县城	远程
9	CM	25	女	堂姐	杂多县县城	远程

注：QZ，19岁，女，N村二社，接待家庭成员。

尽管青年女性与青年男性的社会关系网络存在较大差异，但在关系类型方面仍具有一定的共性：日常联络人都以血亲为主。但与其他三个类群相比，青年女性的社会关系从数量和类型两方面来看都是最有限的（图6.5）。SJ的社交软件通讯录中一共有28个好友，其中约有三分之二是亲属，另外三分之一是邻居。由于大部分当地女性直到出嫁之前都没有长期离家生活的经历，加之女性受教育年限一般低于当地同龄男性，几乎没有定期联络的同学与朋友，因此在她们的社交关系类型中存在着极高的重叠度，她们最好的朋友，往往都是有血缘关系的堂/表姐妹。

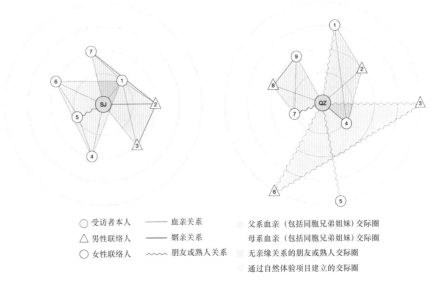

图6.5 本地青年女性社会关系网络

此外，由于居住地附近通信信号不佳，而青年女性也很少有机会独自驾车外出，这限制了通信技术在她们社会关系网络的构建中发挥的积极作用。在缺乏通信与网络信号的家庭环境里，即便远程联络人在青年女性的社会关系网络中占据多数，他们与亲朋好友通过手机互动的频率仍然远远低于同龄男性。

2020年9月，笔者在半个月内先后两次到SJ家拜访。在进行关于社会关系网络的访谈时，笔者发现自己出现在了SJ提供的联络人名单里，于是向她解释了"日常联络人"的含义，并请她换成其他联络更为频繁的亲友。但笔者随后得知，自己的确是此前一个月中，唯一专程到她家中看望她本人的访客，除此之外就只有偶尔串门的表亲和三三两两通过社交软件联络的亲属。在访谈结束后，笔者给她留下了手机号码，间隔一周才在社交软件里收到她请求添加好友的信息。这是她一个月当中仅有的几次与亲朋好友远程联络的机会，每逢搭乘爸爸或叔叔的车前往有信号的地方，就给通讯录里为数不多的亲友发一次问候。

尽管两名青年女性的本地社会关系有相似特征，但与SJ相比，QZ提供的日常联络人名单中出现了一个特殊的社交圈，使她的社会关系网络呈现出更为丰富的特征，具体情况将在下文的个案分析中加以说明。

6.1.2 不同年龄、性别的社区居民社会关系网络特征

在分析自然体验项目给参与者社会关系带来的影响之前，我们需要了解不同类群受访者的社会关系网络在日常联络人年龄分布和空间分布、社会关系强度与网络密度，以及社会关系网络随时间的变化等方面所具有的差异性。

1. 不同类群受访者的日常联络人年龄分布与空间分布特征

从已有受访者的案例来看，男性与女性社会关系网络中的日常联络人年龄分布有着明显的特征。无论受访者本人年龄如何，男性倾向于与更为年长的朋友和同辈亲属交往。八名男性受访者的平均年龄为34.2岁，他们填写的联络人平均年龄为43.6岁；并且联络人年龄分布相对较宽。一名29岁男性受访者所填写的联络人年龄分布从27岁到76岁，而受访者PC提供的联络人年龄分布则从31岁到91岁。相较之下，女性受访者填写的联络人年龄分布相对较窄，且从受访者提供的信息来看，女性更倾向于与自己年龄相差不大的同龄人建立朋友关系。6名女性受访者的平均年龄为36.3岁，其联络人的平均年龄为38.4岁。

这一现象背后的原因可能有多个方面。除了受访者本人的偏好以及不同性别的居民建立社会关系网络所受到的限制之外，还有另一个可能导致差异的原因——与负责家庭财务决策的男性相比，许多当地女性对于包括年龄在内的数字不太敏感。在一名39岁女性受访者QM的日常联络人统计表中，她认为自己经常见面的好友WM的年龄为43岁，而WM的实际年龄是50岁。有趣的是，在WM的联络人统计表中同样也出现了QM，而她认为QM的年龄是45岁。她们彼此实际相差11

岁，却都认为对方与自己年龄相近。

对于不同年龄的受访者，社会关系网络中的联络人在空间分布方面也有明显区别。中年受访者的日常联络人主要集中在乡县一级，以本人居住地为圆心，随着距离增加，联络人数量逐渐减少。青年男性的日常联络人相对分散，在乡、县（或其他乡）、州（或其他县），甚至外省都有零星分布。两名青年女性受访者的日常联络人之间分布则表现出较大差异，这一现象和接待家庭受访者参与自然体验项目的经历有一定关联。

2. 不同类群受访者的社会关系强度与网络密度特征

在社会关系强度方面，男性受访者与联络人的互动频率整体比女性高，这一点在他们接受访问的过程中可以明显看出区别。在提供日常联络人信息时，男性受访者不需要花费很长时间，他们通过回溯自己此前一周的生活，就能轻松填满表格里的10行空白；而女性则需要花费很多时间回想，或是打开手机通讯录和社交软件，查看两三周以前的通信记录，尤其是来自非接待家庭的青年女性受访者SJ，在她回想起来的联络人中，有很多是一个月内只有过一两次通话的亲属。

通过受访者与其联络人之间的关系，可以对其社会关系网络密度[①]进行计算，以此衡量其拥有的社会关系重合度。社会关系网络密度越大，社会关系重合度越高。由于调研中未对联络人彼此间的关系进行详细记录，只在相关亲属之间做了粗略标注，因此无法做出精确计算。但根据绘制出的社会关系网络图可以推测：青年和中年女性群体的社交关系网络密度最大，在她们的主要联络人中，大部分都彼此认识；而青年男性的社会关系网络密度最低，即社交圈重合度最低。

无论对男性还是女性受访者来说，对个人社会关系影响最大的都是婚姻状态。与同龄的未婚男女相比，已婚受访者填写的联络人关系类型更为多样，彼此互动频率更高。此外，受教育经历对居民社会关系产生的影响也非常显著，这一点在青年男性受访者身上体现得尤为明显：有外出求学经历的受访者，其联络人的关系类型和地域分布范围远超只在昂赛乡当地上过小学或从未上过学的同龄人；同时社会关系网络密度更低，往往拥有几个互不重合的社交圈。由于没有接受过完整小

---

① 联络人彼此间存在的所有关系数量之和与最大的可能关系数之比。

学教育的当地常住女性参与此项调研，因此暂时无法比较受教育经历对社区女性产生的影响。

3. 男性与女性社会关系网络随时间的变化

通过分析同性别的青年与中年受访者的社会关系可以推测，男性的社会关系网络会随着年龄的增大而趋向稳定，逐渐从由血亲和同学、好友组成的不固定社交圈，向由血亲、姻亲、邻居和好友共同构成的紧密、稳定的社会关系网络过渡。与此同时，本人的教育经历、婚姻状况以及公共事务参与度等因素也在男性社会关系的塑造过程中起到了至关重要的作用。女性的社会关系网络与年龄之间也有一定的相关性，但不是随着年龄的增长逐渐扩充完善，而是在中年时期发生迅速转变。中年女性受访者中一名30多岁已婚女性的联络人名单与青年女性受访者中两名20岁左右未婚女性填写的内容没有明显区别，但在40～50岁期间，社会关系网络突然出现了显著变化。据两名中年女性受访者反映，她们日常联络的亲友在短短几年间大幅增长，而这正是他们的儿女陆续成家的时候。

子女的婚姻和生育对于中年女性社会关系的扩充起到了显而易见的作用，但除此之外还有其他原因。随着女儿的长大和儿媳的到来，中年女性渐渐从繁重的生产和家务劳动中解脱出来，她们的社交圈也在这个时期得以重新构建。在卸下自出嫁之日起就肩负的家庭重担之后，她们第一次有了闲暇时间跟随丈夫前往县城探望亲属，或通过社交软件跟昔日好友恢复联络。但有时候，最后一个女儿的出嫁也会让放牧和照顾家人的任务重新落回中年女性的肩上，如果身边没有一名能干又体贴的儿媳助一臂之力，他们可能会在体能与情感上同时陷入孤立无援的境地。

此外，我们在调研中还发现，男性受访者对亲缘关系较为看重，在提及一名具有多重关系的联络人时，通常会用彼此间的亲属称谓对关系进行定义；而女性受访者则倾向于将关系较好的亲属定义为朋友①，以使自己的社交关系类型"多样化"。

---

① 在未婚青年女性受访者中，被定义为"闺蜜""朋友"的联络人几乎全部是自己的堂亲或表亲。

6.1.3　自然体验项目对不同类群参与者社会关系的影响

从上述分析可以看出，当地中年男性和中年女性的社会关系普遍具有稳定、地域性强的特征，青年男性的社会关系则具有相对较高的灵活性和多样性，相较之下，青年女性的社会关系网络最为薄弱和单一。由于需要和母亲共同承担繁重的家务劳作，当地未婚青年女性很少出门。对她们的母亲一代来说，除了同邻里和婆家亲属建立起的社会关系以外，还会和娘家的亲朋好友保持联系。但尚未婚育的青年女性从小到大都生活在由血亲组成的圈子当中，即便可以熟练使用电子设备，并且有机会前往有通信信号覆盖的地区，她们能够联系的朋友仍少之又少。正因如此，参与自然体验项目对青年女性发展社会关系起到的作用远超其他类群。

在中年男性、中年女性和青年男性三个类群的社会关系网络中，均未出现与自然体验项目直接相关的联络人——可以认为在现阶段，自然体验项目的开展对当地中年人和青年男性的影响有限，至少通过我们所采用的研究方式不足以进行有效测量。但在青年女性群体中，参与项目和未参与项目的两个受访者之间表现出了明显差异。尽管只有一组数据，但这与笔者对其他接待家庭中青少年女性的观察结果是高度相符的。在自然体验者离开昂赛乡之后，仍和他们保持着长期、主动联系的，多数是接待家庭中青年女性成员。

自然体验项目对于青年女性参与者构建自身社会关系所发挥的作用，不仅体现在社会关系网络的拓展上。对于接待家庭中的许多青年女性而言，参与自然体验项目的经历一方面增加了她们与外来群体的互动，另一方面则改变了她们在自己家庭中担当的角色。关于这一点，笔者将通过以下案例加以详细说明。

6.2　接待家庭成员QZ：从"爸爸的助手"到"女向导"

　　QZ是自然体验接待家庭向导JC的大女儿，也是昂赛自然体验项目中第一名独立担任向导，带领自然体验者寻找动物的女性接待家庭成员。

　　2017年11月，为进行接待家庭入户培训，笔者初次到访JC家，与他和他的家人共同生活了三天两晚。17岁的QZ活泼直爽的性格给笔者留下了深刻印象。在熟识后，QZ表现得分外健谈，然而她在生人面前的沉默和腼腆也同样让人记忆犹新——每当有陌生客人到访家中，QZ立刻躲到旁边的房间里避而不见，对于初次见面的异性更是时刻保持着礼貌的距离，从不主动攀谈。

　　在2018年自然体验项目运营之初，几乎所有接待家庭均由家中的中年男性担任向导。在项目开展数月后，很多汉语不流利的向导发现自己与自然体验者的交流存在严重障碍，于是尝试让儿子代替自己，开车带客人上山寻找动物。与这些人情况类似，JC的汉语水平也十分有限，难以单独和自然体验者沟通。但家里唯一的儿子在玉树州上学，他便在接待自然体验者时带上了女儿QZ，帮忙进行翻译。女儿的体力和眼神都比JC好，接待了几次之后，JC就直接让QZ带着自然体验者爬山找动物，而他则负责开车。QZ由此成为昂赛社区第一名参与自然体验项目向导工作的女性成员。

　　2019年虫草采集季过后，开始陆续有其他接待家庭向导在自己家的儿子抽不出空的时候，请QZ前去帮忙，并象征性地支付几百元"感谢费"。尽管金额不大，却象征着参与项目的社区成员对这名年轻女性能力的认可。

　　2019年9月，我们前往JC家访问，邀请他在下一次接待家庭向导培训时带着女儿一同参加，JC听后礼貌地表达了感谢，但没有明确表态。事情过去后一个月左右，我们偶然碰到临时替邻居家放牧的QZ，才得知上一次的贸然邀请给她和家人带来的困扰。她的爸爸在我们走后对她大发雷霆，并因此禁止她继续帮别的接待家庭做自然体验向导。不久之后，我们委婉地向JC本人询问此事的缘由。原来在JC看来，未婚姑娘在陌生人（尤其是一群外来男性）面前频繁地"抛头露面"，本就不是一件光彩的事，是儿子不在家时的迫不得已之举。而他同意QZ给其他接待家庭帮忙，纯粹是出于邻里交情，不是让女儿以此赚钱。他认为女儿拿取"感谢费"的行为，已经是对他这名父亲能力不足的羞辱，如果在下一次社区会议上带着女儿一同参加，更是会让全家人成为村里的笑柄。

但这件事并没有成为QZ继续参与自然体验项目的障碍，作为父亲的JC最先转变了态度。之后的半年时间里，我们先后听到好几名自然体验者对QZ的夸赞："JC家的女儿汉语说得真好，爬山、找动物都比好多男向导厉害！""她跟别人家的小姑娘不一样，待人接物挺大方的，我还以为她之前在城里上过学呢。"外来人的认可让QZ收获了前所未有的成就感，和自然体验者建立起的友好关系也让她拥有了独自解决问题的自信。此后，QZ的生活开始有了明确的目标，她不满足于仅仅作为"爸爸的助手"参与项目，而是立志成为独立带领自然体验者观赏动物的专业向导。2020年5月，我们再度到访JC家，QZ放下了手里的家务活，热情大方地过来招待，告诉我们她最近在练习驾驶，并且已经取得了父亲JC的同意，在考取驾照后就独自开车带客人。

2020年8月，当地疫情形势渐缓，自然体验项目短暂对外开放。JC家与其他几户亲戚共同开办的大峡谷风情园度假村①也再度开张经营，迎来了疫情之后的第一个客流高峰。在短短的两个多月时间里，QZ通过带领自然体验者和度假村游客上山寻找动物，获得了6000多元的收益。QZ表示，她请爸爸在银行给自己开了一个账户，并和全家人达成协议，这6000多元和今后做自然体验项目向导获得的收入，都由她自己保管："挖虫草的钱是家里的，我都交给爸爸了，做导游挣的钱是我自己的。"

在这次拜访中，笔者请QZ填写了她的日常联络人表格。在QZ此前一个月最常联系的9个人中，6人是本地的亲戚和朋友，另外3人则是常居其他省市的外来者，其中1人是曾聘请QZ协助进行野外工作的

---

① 关于私营度假村的内容详见第八章，JC家是加盟私人合作社的接待家庭之一。

科研人员，1人是她家通过自然体验项目接待过的任职于国内某知名杂志社的野外活动领队，这两人的关系类型她定义为"朋友"，另外还有1人是自然体验者介绍给她认识、居住在外省的旅游从业者，关系一栏她填的是"老师"。尽管未曾谋面，但QZ时常通过社交软件与对方联络，学习做导游的专业话术和技巧。"以后有机会，我想去拉萨学习，将来做昂赛最棒的向导。"在QZ讲述未来计划的时候，父亲JC坐在一旁笑着倾听，第一次在我们面前表达了对于女儿的骄傲和赞许。

6.3　参与自然体验项目对接待家庭成员性别观念产生的影响

对当地居民而言，外来自然体验者不只是匆匆过客，同时也会在居住期间参与他们的家庭生活。通过与牧户的朝夕相处，自然体验者会看到接待家庭伴侣相处和亲子互动的方式，尝试了解当地居民的教育与婚姻观念，并与自己所熟知的社会规范进行比较。在观察到他们无法认同的现象时，许多自然体验者很难保持纯粹的旁观者的立场，而是将自己作为评判者，对接待家庭内部的"不公正"事件加以直接干涉，这种行为通常会给接待家庭带来直接而显著的影响。

在自然体验者与接待家庭之间显现的观念冲突中，被干涉最多的一个问题是女性后代的教育。即便义务教育制度已在全国范围被推行多年，但昂赛乡当地仍有许多居民未将家里所有孩子都送到学校学习。在他们眼中，教育机会固然难得，但家里的牦牛也需要有人看管。因此，一部分家庭选择了让男孩外出上学，让女孩留在家里放牧。在参与调研的昂赛乡当地家庭中，20多岁的青年男性里拥有小学学历的人不在少数，而同龄女性中却鲜有人进过学校，即便曾受过教育，通常读到小学一、二年级就辍学了。几乎所有了解这一情况的自然体验者都表现出了强烈的震惊和不满，其中有些人主动提出要出钱资助接待家庭里的女孩上学，并给女孩留下联系方式，承诺如有需要可以随时与自己联系。

尽管出于好意，但在大部分情况下，提议最终会不了了之。获得资助承诺的女孩不会因此得到上学的机会，反而加深了她们与父母和兄弟之间的裂隙与矛盾。在自然体验者走后，接待家庭的女孩们仍继续留在草场上放牧，因为致使她们辍学在家的并非贫困，而与当地社会传统的劳动性别分工方式有关。

在昂赛乡的父母们"偏心"决策的背后，其实有着另一层考量。在将教育机会留给儿子的同时，有许多家庭改变了沿袭数百年的财产继承制度，决定将家中的草场和牦牛全数留给女儿。有受访者解释："男孩禁得起折腾，上完学让他们去外面闯荡闯荡。跟人打工也行，自己做生意也行。女孩到外面去容易吃亏，留在家里好，至少不愁吃穿。"尽管在外来人眼中，这无疑是对女性受教育权利的严重剥夺，但在当地人的观念里，却是一种顺应政策与市场环境变化的资源分配方式。大多数自然体验者对于这一决策背后的考量都缺乏了解，甚至也并非出于对牧区女孩命运与前途的真正关怀。在离开牧区之后，有人的"善举"最终变成了社交账号上炫耀的勋章，彰显着自己来自一个"更开放、更现代"的社会而衍生出的"道德优越感"。

除了观念上的矛盾，自然体验者在日常生活中的无心举动也同样可能给当地家庭带来正面与负面的双重影响。带着"女士优先""儿童中心"的外来社会视角，自然体验者一般会对家里的女性成员照顾有加，或是给孩子单独赠送贵重礼物。即便是这种看似友善的行为，也可能在接待家庭成员中触发一些让人意想不到的反应。

有些自然体验者在将接待家庭男性成员的劳动本身视为消费对象的同时，也将女性成员的性别角色和家庭地位视为消费对象。他们毫不客气地要求接待家庭的男性成员帮自己搬运行李、扛摄影器材，并带着猎奇心态观摩女性成员劳作（图6.6）。这样的情况往往会让女性不知所措，男性成员则觉得在家人面前颜面尽失。在自然体验者走后，女性并不会从此获得更多特权，而是让她们遭到了家人的嘲笑。

　　而自然体验者对儿童展现的偏爱，促使一些孩子打破了原先因畏惧长辈教训而遵守的规则，开始跟来家里拜访的客人索要东西，甚至无所顾忌地摆弄起陌生人带来的昂贵器材。来自西方国家和国内大中城市的自然体验者让接待家庭里的孩子们体验到了亲子相处的另一种方式——充满了爱、尊重与欢乐，但自然体验者却无法在短短几天的相处过程中帮助接待家庭将新的家庭规范建立起来，在他们走后，重拾旧规则的成本最终还是落回这些孩子的父母身上。

　　还有一个较为普遍和典型的例子是发生在餐桌上的。当地家庭的许多女性不习惯在有陌生客人到访时，围坐在桌前和大家一同吃饭，她们通常会在角落里捧着碗，边吃边听客人聊天。面对这一情景，大多数自然体验者都会看不下去，要求女性上桌跟大家一起进餐。有些女性会在推脱中犹豫地接受邀请，并最终适应这种社交方式。但对于另一部分女性来说，这却成为接待经历中最大的困扰。她们会感到非常尴尬，在整个用餐过程中坐立难安，只匆匆吃了几口，就站起来去刷碗了。曾有一名16岁的接待家庭女性在私下里向笔者透露，"我挺喜欢体验者来家里的，给他们做饭、生炉子我都乐意，但有点怕他们会跟我说话，尤其是吃饭的时候，让我跟好多陌生人坐在一起，太难为情了，我一点都吃不下。"在她眼中，和客人共同就餐就像做饭、生火一样，不仅仅是一种社交权利，同时也是一种劳动义务。

(a) (b)

图6.6　在参加自然体验项目时，有些访客将接待家庭男性成员的劳动和付出看作是理所应当，而将女性成员当作被观察的对象。（a）帮自然体验者扛摄影器材的接待家庭男性成员；（b）一队国外自然体验者围着正在给牦牛挤奶的妇女，充满好奇地询问和拍照

6.4　生态旅游特许经营试点给参与者社会关系网络、家庭角色与性别观念带来的影响

可以看出，生态旅游特许经营项目的开展对社区居民社会与家庭关系产生的影响，同样存在着积极与消极的两个方面。一方面，与外来体验者的接触给参与项目的社区居民，尤其是接待家庭中的青年女性扩展社会关系提供了崭新的平台，为她们获得经济独立创造了更多的机会。但另一方面，大量外来人的进入也打破了社区与家庭内部的平衡。与外来者互动的经历让一部分成员迅速获得了外部的视角，并借此重新审视自己和他人在家庭中所扮演的角色，用新的标准来寻求与周围人相处的方式。而当地社会尚未建立起相应的规则以应对崭新视角、传统观念与现实生活之间的冲突，使得社区参与者不得不面对伴随着发展机遇而来的家庭内部矛盾。

与此同时，通过与外部社会日益增加的互动，社区居民原有的性别观念也在发生转变。女性的权利意识在这一过程中得到了提升。在现阶段，当政策福利、市场机遇与家庭内部的资源和劳动力分配需求发生冲突时，观念的转变尚不能为已有问题找到直接有效的解决方案，而是将地区发展过程中显现的社会矛盾转移到了家庭成员之间。但随着项目影响的逐步扩大，居民性别观念的转变在提升社区女性权益方面所带来的正面效应值得期待。

第七章

我们的"动物邻居"：生态旅游对居民

自然资源利用和保护态度的影响

在特殊的地理与气候条件下，居住在高原地区的游牧民族发展出与自然环境相互适应的生产生活方式，形成了独特而完整的地方性知识体系与生态伦理。在自然体验项目的开展过程中，来自外部群体的科学知识、保护观念以及自然体验者展现出的对于旗舰物种的特殊偏好，会与接待家庭成员的原有行为与观念产生碰撞；而受草场共用方式的制约，当一些接待家庭的行为模式发生改变时，会进一步对其他未参与项目的社区居民产生影响。

基于对21户接待家庭和44户非接待家庭进行的调研，我们对受访家庭的轮牧时间、减畜意愿、围栏的设立和使用、对野生动物的态度以及处理人兽冲突的方式几个层面进行了考察，以了解自然体验项目的开展对当地居民自然资源利用行为和保护态度产生的影响。

7.1　轮牧时间

为了确保草场的可持续利用，三江源地区的牧民家庭通常采用冬夏轮牧的形式，冬季居住在位于冬草场的固定房屋（当地居民称为"冬窝子"）中，夏季则带着牲畜前往位于高海拔地区的夏草场，居住在临时搭建的帐篷里。昂赛乡除少数牧户因家中主要劳动力衰老、身患重疾，或畜养牦牛数较少等原因，改为全年在冬草场放牧之外，大多数家庭仍然采用季节性转场的方式。夏季转场一般从5月初陆续开始，冬季转场则在每年的9月中旬前后进行。由于青藏高原牧区冬季寒冷漫长，一些家庭还在冬草场附近设立了一块区域作为秋草场，先将牦牛畜养在其中，在冬季转场前进行1个月左右的过渡，以减轻对冬草场的压力。在受访的44户非接待家庭中，39户采用轮牧形式，占比89%；在留居牧区的接待家庭中，轮牧的家庭占比为74%[①]。

按照草场边界的设立方式，昂赛乡牧户对草场的使用形式可以分为三种：第一种是冬夏草场均以户为单位独立使用；第二种是冬季单独放

---

① 在轮牧的39户受访非接待家庭中，34户采用两季轮牧，四户为三季轮牧，另有一户家庭一年中搬迁四次，但春秋两季使用同一个草场。在接待家庭中，有两户在我们调研期间已全家迁居县城，而留居牧区的19户中，不轮牧的有五户、两季轮牧的有11户，三季轮牧的有三户。

牧，夏季与同一放牧小组的其他家庭共用草场；第三种是冬季与夏季都和整个放牧小组共用草场①。大部分接待家庭都采用冬夏两季都和整个放牧小组共用草场的方式。

　　由于夏草场不具备供访客住宿的房屋条件，参与自然体验项目促使一部分接待家庭改变了冬季转场时间。2018年，有两名自然体验接待家庭向导为了给当年8月下旬开放的项目接待做准备，在7月虫草采集季结束后，提前回到了冬草场的固定房屋中居住②。2019年8月初，有三户接待家庭选择携牲畜一同提前搬回冬草场，而他们转场时间的改变，也在一定程度上影响着同一放牧小组的其他牧户（图7.1），与他们共用草场的几户非接待家庭也在8月上旬陆续搬回了冬草场，与2017年相比提前近一个月。一名提前搬家的接待家庭成员表示："以前村社有约定，统一在9月15日搬草场。后来因为孩子上学，8月底开学，就提前搬了。今年干脆8月初先搬回来了，主要是8、9月来的（自然体验项目）客人多，先搬回来把房子收拾干净，接待客人方便。"这名受访者解释，同一个放牧小组的其他人也选择提前转场，是为了确保资源的公平利用："怕我们一家回来，先把冬草场的草吃光了。大家商量好就一起搬了。"

(a)　　　　　　　　　　　　　　　　(b)

图7.1　转场时间的变化。（a）2019年8月初，一户接待家庭为迎接自然体验项目的客人，提前从夏草场搬回冬草场；（b）跟随接待家庭一同搬迁的还有其所在放牧小组的其他家庭

① 第一种形式往往以自家草场为边界设立围栏；第二种形式则是冬草场以户为边界、夏草场以放牧小组共用的草场为边界设立围栏；第三种形式则是除各家草库伦之外，冬夏草场均以放牧小组共用的范围为边界设立围栏。
② 这两名向导仅自己一人提前回去居住，家庭中的其他成员和家畜仍然留在夏草场。

　　2020年，为接待自然体验项目的客人，提前搬回冬草场的接待家庭增加到了六户，其中一户在7月底搬迁，五户在8月初搬回。另外还有两户接待家庭分别于8月13日和17日回到冬草场，但并非为了接待客人，而是为了给孩子开学做准备。根据这几户接待家庭所在放牧小组的情况来看，因与他们共用同一草场而有可能调整轮牧时间的非接待家庭有20余户。接待家庭所在放牧小组提前转场的行为是否会影响其他放牧小组，以及这一变化是否会增加冬草场的压力，目前尚无明确证据。

　　此外，根据我们从访谈中得到的其他信息，除了参与自然体验项目、为子女上学提供方便之外，牧户将冬季转场时间提前的原因可能还包括气候变化和人兽冲突，这些因素如何共同作用，影响当地居民对草场的使用方式，仍然有待观察。

7.2　牲畜畜养规模

　　近年来，三江源地区牧民家庭的牲畜保有量总体呈现减少趋势，但时至今日，在昂赛乡仍有1000多户以畜养牦牛为主要生计方式。草场的承载力是否足够支持家畜与野生动物共同生存，关系到牧民的生活水平和生态环境状况。尽管有受访者表示，与幼年时期相比，自家草场的质量逐年变差（主要表现为草的生长高度大幅降低），但数据显示，昂赛地区目前暂无过牧现象，且家畜与有蹄类野生动物也不存在明显竞争。2019年12月—2020年1月，我们就减畜意愿向14户接待家庭和25户非接待家庭进行了调查（表7.1），并对照其中一部分家庭在2019年实际卖出的牲畜数量（表7.2）与受访者变卖牲畜的原因进行了简单分析，以此推测自然体验项目对参与者家庭牲畜养殖规模产生的影响。

　　在昂赛乡，牧民畜养的家畜以牦牛为主。此外，大部分家庭还拥有马匹，作为搬迁时驮运行李的辅助工具，但数量大多控制在三四匹，不进行大规模养殖。只有极少数家庭保留了羊群，养羊的牧户只占全部受访者的2%。因此马和羊的数量变化在本文中不做讨论。在昂赛乡许多牧民家庭会每隔几年卖掉两三头牦牛，一方面用卖牛的收入来缓解虫草价格降低对家庭经济的冲击，另一方面起到维持草场承载力与畜群数量平衡的作用，在我们的调研中，上述情况不被视作减畜行为。只有当牧户有计划地将牦牛大规模赠予或出售给他人，一次性减少10头以上或超过家中原有数量20%，才被视为减畜行为。

表7.1　昂赛地区接待家庭与非接待家庭的减畜意愿对比

是否愿意减畜		接待家庭（*n*=14）		非接待家庭（*n*=25）	
		人数	比例/（%）	人数	比例/（%）
是	已主动减畜或未来三年内有减畜计划	4	29	1	8
	尚无减畜计划，如有补贴愿意考虑	7	50	9	34
否	即便有补贴，仍不愿减畜	2	14	14	54
	不会减畜，反而计划增加牦牛数量	1	7	0	0
说不好，看以后的（政策、家庭经济）情况		0	0	1	4

表7.2　昂赛地区接待家庭与非接待家庭2019年户均实际卖出的牦牛数量

卖出的牦牛种类（按性别与年龄划分）	平均卖出数量/头	
	接待家庭（*n*=8）	非接待家庭（*n*=21）
2岁以上公牛	0	0.1
2岁以上母牛	4.9	0.8
2岁以下小牛	4.4	0.9
总计	9.3	1.8

从现有访谈结果来看，接待家庭与非接待家庭的减畜意愿存在明显区别。在接受访问的25户非接待家庭中，"已主动减畜或未来三年内有减畜计划"的仅有1户；但在14户受访的接待家庭中，有2户已分别在2018年和2019年间进行过大规模减畜，另有2户表示有计划在未来三年内卖掉家中的大部分母牛和小牛。在非接待家庭中，表示目前"尚无减畜计划，如有补贴愿意考虑"的有9户，占比34%；而在接待家庭中，持有这一意见的人数最多，比例高达半数。在受访非接待家庭中，表示"即便有补贴，仍不愿减畜"的有14户，占比54%，相较之下，接待家庭中这一群体占比仅为14%。

在2019年实际减少的牲畜数量上，接待家庭与非接待家庭之间也有着较大的差异。在受访接待家庭中，即便有71%表示目前没有减畜计划（包括不愿意减畜，以及尚无减畜计划，如有补贴愿意考虑的，共计10户），但上一年中平均每户卖出的牦牛数量9.3头，仍远远多于非接待家庭的1.8头。尽管接待家庭原本保有的牲畜数量就略高于当地牧户平均水平，但考虑到新生小牛因疾病和野生动物捕食引起的高死亡率，接待家庭每年新增的牦牛数量与其他牧户相差不大①。因此，接待家庭近年来卖出的牦牛数量较高，是受到其他主观因素的影响。

一名在2019年8月一次性卖出17头牦牛的接待家庭受访者表示，变卖牲畜的决定与自己担任自然体验项目社区管理员有关。自2019年5月开始担任管理员以来，他主要负责接收自然体验项目客人预约信息，并通知N村的接待家庭。他提到，在自然体验者来访高峰的7月到10月间，自己几乎每天都要开车在有信号的地方和其他接待家庭之间往返，无暇照料家中原有的60多头牦牛。另一户主动进行减畜的接待家庭在2018年和2019年间卖出的牦牛数量达到40多头，超过了原有总数的50%，而受访家庭成员表示，此举也与参与自然体验项目接待后无暇照管牦牛有关。

但据观察，致使两户家庭减畜的原因还有其他方面。在第一户受访者家中，原先与父母共同生活的二女儿在2019年3月结婚并定居城镇，加之受访者妻子近年来腿疾加剧，难以再进行高强度的放牧工作。而另一户接待家庭减畜的原因很可能与儿子的婚姻破裂有关。原先作为主要劳动力之一的小儿媳近年来与丈夫和公婆之间的矛盾日益严重，于2018年搬离家中，并在2019年初正式提出离婚。而小儿子本人从不参与放牧，并且多次表示自己不愿意留在牧区，希望将来像哥哥姐姐一样定居城镇。因此可以推测，家中主要劳动力的减少是促使受访接待家庭大规模变卖牲畜的直接原因。

而根据受访家庭变卖的牦牛的特征，也可以大致判断出减畜行为背后的动机。2019年，在玉树当地，一头成年公牛的市场价格约为10 000元，母牛约为5000元，小牛则根据年龄和身体状况，从500~2000元不等。由于大公牛体型庞大，在身体状况良好的情况下，

---

① 基于19户接待家庭和48户非接待家庭的调研数据，接待家庭户均牦牛数量为59.7头，非接待家庭为50.4头。接待家庭2019年户均新生小牛为10.7头，非接待家庭户均新生小牛为8.9头。接待家庭在上一年中平均每户死亡（包括疾病致死、冻死和被野生动物捕食）的牦牛数量为6.6头，而非接待家庭为4.3头。

雪豹、狼等野生动物对其难以构成威胁，一般常年散养在山上，不需要人看管；而母牛和小牛因为体型较小，被野生动物捕食概率较高，需要圈养起来并跟随放牧——牧民每天天亮时将它们赶到山上吃草，傍晚再赶回牛圈，将每头牛按照特定的穿插顺序，依次系在拴牛绳上 ①。因此可以推测，牧户变卖公牛主要是为了换取经济收入，变卖小牛和母牛则是为了减轻劳动成本。受访接待家庭变卖的牦牛全部为母牛和小牛，非接待家庭变卖的牦牛中则出现了大公牛。据此不难判断，受访接待家庭变卖牲畜主要是为了降低劳动成本，而个别非接待家庭变卖牲畜则有增加收入的考量。

此外，访谈过程中出现的一个细节非常引人注目。在14名就减畜这一话题接受访谈的接待家庭成员中，有4人提到了与"政策"相关的词汇，即表示如果国家要求减畜，自己愿意执行。其中1人在访谈中表示不愿减畜，因为牦牛减少会对家庭生计造成冲击。但访谈结束后他反复询问是否有相关政策将要出台，并补充如果是国家要求的，自己愿意配合。相比较之下，尽管非接待家庭参与访谈的人数更多，但无一人提及或询问与政策相关的内容。由此可以看出，接待家庭成员对于政策动向的敏感度明显高一些。

7.3　围栏的设立和使用

20世纪80年代，我国在草原牧区推行了以家庭承包责任制为核心的草原经营制度，草原围栏被用于草场边界的划定（陈建伟，2020）。随着全国人口增长，部分地区草原的载畜量超过了承载力，受到草地退化和荒漠化的威胁，围栏封育开始作为草原的生态修复措施和资源管理手段，在内蒙古、黑龙江、青海等地的牧区大规模推广。2000年以来，政府增大了对围栏建设的补贴，逐步启动了设有专项围栏建设任务的"京津风沙源治理工程""退耕还林（草）"等国家级生态工程（金轲，2020）。有研究显示，围栏的建立在减缓草原退化、

---

① 主要为了将牦牛母子分开，防止小牛在夜间将母牛的奶喝光。

提高牧业生产效率等方面取得了积极的成效。但也有案例表明，青海省一些地区出现了围栏过度使用的现象，造成了围栏内植物群落多样性降低，野生动物数量下降和栖息地破碎化等后果，对生态环境产生了一系列负面影响（Li et al.，2017；刘丙万 等，2002）。

昂赛乡从1984年开始实施草场分包制，草场围栏随之设立。近年来，一些当地居民发现围栏能够显著降低放牧成本，并起到防范野生动物捕食家畜的作用，开始自行购买和建立围栏。尽管尚未发现有野生动物在跨越围栏时挂在铁丝网上导致死亡的现象，但在昂赛地区调研期间，我们观察到了包括雪豹、岩羊在内的野生动物在捕食猎物或躲避天敌时出现的行为改变，例如，雪豹捕食体型较大的猎物时会将其往围栏方向驱赶，以利用围合空间进行抓捕；还观察到一些区域，被牧户用于围合草库伦的围栏两侧，植被生长情况也出现了肉眼可见的区别（图7.2）。

(a)　　　　　　　　　　　　　　　　　　(b)

图7.2　围栏对动植物造成的潜在影响。（a）一头牦牛在跨越围栏时被铁丝网困住；（b）草库伦围栏两侧的植被生长情况出现变化（红色方框区域）

2020年1月，我们就昂赛乡居民对草场围栏的看法进行了调研，将接待家庭与非接待家庭的访谈结果进行对比（表7.3），以此推测参与自然体验项目对居民设立和使用围栏的倾向是否产生影响。

在33户非接待家庭的受访者中，有73%的人对草场围栏的设立表示赞同，9%的人持反对意见，12%的人认为各有利弊，其余6%的人则认为草场围栏设立与否对自己没有影响。 在对草场围栏持积极看法的受访者眼中，"避免牧户间的草场使用纠纷"与"节约放牧成本"是围栏带来的最显而易见的两个好处（表7.4）。其中，有15人提到草场围栏的使用能够避免牧户之间因为牛群越界而发生争执。"围了围栏之后有了边界，别人家的牛不会来自己家的地，自己的牛也不会去别人家（的地），避免闹矛盾""以前没有围栏，如果邻居不好，经常吵架，分成单户会好一点"。有12人认为草场围栏可以降低放牧工作强度，节约劳动成本，受访者给出的具体解释是："冬天可以晚一点把牛放出去""看管方便，坐在家里就能看见牛了""家里如果只有一个人，晚上把牛赶到围栏里拴起来，特别省事""人少的家庭赶牛的时候不会那么辛苦" 等。

表7.3　昂赛地区接待家庭与非接待家庭对草场围栏的设立与使用倾向对比

对于设立和使用草场围栏的态度	接待家庭（n=9）		非接待家庭（n=33）	
	人数	比例/（%）	人数	比例/（%）
认为设立草场围栏有好处	6	67	24	73
认为设立草场围栏有坏处	1	11	3	9
认为设立草场围栏有利有弊	2	22	4	12
认为设立草场围栏没有影响	0	0	2	6

表7.4　昂赛地区接待家庭与非接待家庭支持或反对设立草场围栏的理由对比

对于设立和使用草场围栏的态度		接待家庭（n=9）	非接待家庭（n=33）
		各项理由被受访者提及的频次	
支持围栏设立	避免牧户间的草场使用纠纷	3	15
	节约放牧成本	2	12
	保护牛群免受伤害	2	6
	有助于计划性轮牧	1	5
	保护草场出租者的利益	0	1
	减少家畜与食草动物间的竞争	2	0
反对围栏设立	限制家畜的活动范围	1	4
	减少道路宽度，影响车辆通行	0	1
	对野生动物造成伤害	1	0

　　除了上述两点之外，牧户赞同设立草场围栏还有其他几个理由。6人提到围栏可以保护牛群免受伤害，包括免遭食肉动物捕食以及因牲畜自发行为导致的危险状况，如公牛打斗，或小牛乱跑、不慎摔下悬

崖等。还有5人认为草场围栏有助于牧户进行有计划的轮牧，"有了围栏之后会把自家草场分成小块，轮着放牧"。其中有两户家庭直接根据草场围栏边界设立了草库伦，以抵御雪灾对牲畜造成的影响："以前没围栏时没有草库伦，冬天草不够，牛会饿死"。此外，还有一名受访者认为草场围栏的设立可以保护草场出租者的利益：如果没有围栏，搬迁家庭的闲置草场会被周边牧户免费利用，而非选择有偿租赁。在对草场围栏持负面看法或认为草场围栏虽有用，但也存在弊端的受访者中，4人提到围栏限制了牦牛的活动范围："如果山上只有自己一家的话，没有围栏好，牛自由自在到处走，肉也长得肥""牛跳来跳去的特别麻烦，有时会挂在围栏上"。有一户则认为草场围栏减少了道路宽度，影响车辆通行。"围栏把路都挡上了，有的地方大车过不去"。

　　现阶段，在就该问题接受访问的9个接待家庭中，对草场围栏的设立持赞同意见者有6人，占比约67%，另外还有2人认为草场围栏有利有弊，1人持反对意见（表7.3）。受样本数量限制，接待家庭与非接待家庭之间持不同意见者的总体比例无法进行有效对比，但根据现有的访谈结果，接待家庭受访者给出的理由却与非接待家庭存在区别。在支持设立草场围栏的六名接待家庭受访者中，有2人提到了围栏对于野生动物的好处："山腰有围栏，牛上不去，不会跟岩羊和白唇鹿抢草吃""围栏特别好，野生动物在山上吃着（草），牛在下面吃着（草），互相不影响"。而认为草场围栏各有利弊的两名受访者，其中1人给出的解释是，"围栏对牧户来说是好的，可以把各家界限划分清楚，牛不会到处跑。但如果对野生动物有影响的话就不好，我从视频里看见有动物挂在上面死了，那样就不好"（表7.4）。

　　通过对比两个群体的访谈结果可以看出，参与自然体验项目的居民在与外来人的交谈中，会有意识地为自己所持有的立场寻求与生态保护相关的解释。这一转变很可能与接待家庭和自然体验者的接触有关。据观察，有些自然体验者在初次见到草场围栏时会向自己的接待家庭向导询问与此相关的问题，包括，"为什么要设立围栏？""是谁设立的？"以及"围栏会不会对野生动物造成影响？"这些问题也许不会直接改变接待家庭对现有围栏的使用，但很可能会促使他们思考围栏与野生动物的关系，并在今后的畜牧生产中，尽量避免围栏过度设立。

7.4　野生动物保护态度

7.4.1　居民对本地野生动物的喜好程度

在自然体验项目正式开展前（2018年7—8月间），我们曾对昂赛乡居民进行过一次野生动物偏好调查，调研人员随机走访了居住在三个村子的23名居民，并展示出11张绘制有野生动物的图片[①]，请受访者根据喜好程度进行排序。当次调查结果显示，最受当地居民欢迎的野生动物分别是雪豹、马麝和白唇鹿，最不受欢迎的动物则是鼠兔、棕熊和狼[②]。在自然体验项目开展逾一年后，我们于2019年12月—2020年5月间，对昂赛乡居民重新进行了一次野生动物喜好程度调研，旨在评估自然体验项目对参与者所持有的野生动物保护态度的影响。此次调研共走访了52名居民，包括38名非接待家庭成员和14名接待家庭成员。调研中没有给定野生动物种类，而是采用半结构式访谈的方法，仅提出相关问题，请受访者根据自己的偏好随意回答（表7.5）。

在针对非接待家庭的访谈中，马麝是所有当地野生动物里被提及频次最高的物种，38名受访者中有24人（占比63%）将其列为喜欢的动物之一。雪豹（16人，42%）和白唇鹿（15人，39%）被提及的频次分别位列第二和第三。其他被受访者喜爱的动物还有岩羊（8人，21%）、金钱豹（2人，5%）、狼（2人，5%）、猞猁（1人，3%）、野猪（1人，3%）、白马鸡（1人，3%）、藏雪鸡（1人，3%）、野牦牛（1人，3%）和藏原羚（1人，3%）[③]。有4人表示除

[①]　卡片中的11种动物分别为：狼、雪豹、金钱豹、岩羊、马麝、棕熊、白唇鹿、猞猁、赤狐、鼠兔、旱獭。
[②]　评判动物受欢迎程度的方法：将受访者给每种野生动物排列的序号作为数值进行统计，相加后得到的数值作为动物的得分，得分越小者受欢迎程度越高。上述部分物种对应的排序数值分别为：雪豹46，马麝60，白唇鹿84，狼181，棕熊199，鼠兔215。
[③]　此次调研仅针对昂赛当地物种，昂赛地区的红外相机监测数据中从未出现过野牦牛和藏原羚，但受访者表示童年时曾在当地见过这两种动物，因此在表格中列为"其他"。

了熊以外，其他动物都很喜欢，还有1人没有特别喜欢的动物，尤其讨厌棕熊。在非接待家庭受访者不喜欢的野生动物中，棕熊位列第一，38名受访者无一例外地把棕熊列为自己最讨厌的动物。此外，狼也是不受欢迎的野生动物之一，有12人（32%）表达了对狼的负面看法。也有受访者对野猪（4人，11%）、鼠兔（3人，8%）、雪豹（3人，8%）、白唇鹿（2人，5%）、金钱豹（1人，3%）和岩羊（1人，3%）持有反感态度。

表7.5　昂赛接待家庭与非接待家庭对当地野生动物的喜好程度

对野生动物的态度		接待家庭（n=14）		非接待家庭（n=38）	
		人数	比例/（%）	人数	比例/（%）
喜欢	马麝	5	36	24	63
	雪豹	8	57	16	42
	白唇鹿	6	43	15	39
	岩羊	5	36	8	21
	金钱豹	3	21	2	5
	狼	1	7	2	5
	猞猁	3	21	1	3
	野猪	0	0	1	3
	赤狐	1	7	0	0
	鸟类及其他	1	7	4	11
不喜欢	棕熊	11	79	38	100
	狼	4	29	12	32
	野猪	1	7	4	11
	鼠兔	2	14	3	8
	雪豹	0	0	3	8
	白唇鹿	0	0	2	5
	金钱豹	0	0	1	3
	岩羊	0	0	1	3

在14名接待家庭受访者中，表示喜欢雪豹的有8人（57%），在所有受居民喜爱的野生动物中被提及的频次最高，其次是白唇鹿（6人，43%），马麝和岩羊则并列第3名（5人，36%）。而金钱豹（3人，21%）、猞猁（3人，21%）、狼（1人，7%）、赤狐（1人，7%）和藏鹀（1人，7%）也被一部分受访者纳入了喜爱的名单。尽管接待家庭中也有受访者对棕熊、狼、鼠兔和野猪持有负面看法，但

被部分非接待家庭成员反感的雪豹、金钱豹、白唇鹿和岩羊都没有出现在他们不喜欢的动物名单中。此外，接待家庭对于最不受欢迎的棕熊也表现出了比非接待家庭更高的容忍度——14名受访者中有11人（79%）明确表达了对棕熊的恐惧或厌恶，另外3人则表示没有特别讨厌的动物，包括棕熊在内的所有物种都有值得喜爱之处。

7.4.2　影响居民对野生动物态度的因素

通过对访谈文本的分析我们发现，当地居民对不同野生动物的态度受到不同因素的影响。居民对有蹄类动物的态度取决于该物种和家畜的竞争与互惠关系，对食肉动物的态度则取决于人兽冲突的剧烈程度和保护政策的推行力度。此外，居民对一部分动物的态度会随着其活动区域的变化、种群数量的波动以及该物种和其他野生动物之间展现的互动关系而产生变化。与此同时，自然体验者对某些物种的观赏偏好也会影响接待家庭成员对其所持有的态度。

1.有蹄类动物：竞争与互惠

在昂赛地区，几乎每家每户的草场都常年有岩羊和白唇鹿光顾，居民对有蹄类野生动物的态度普遍比较积极。在表示喜爱白唇鹿的受访者中，有人提到了白唇鹿带来的经济价值："每年都会捡鹿角，能挣一点钱。"也有人注意到其观赏价值："有的公鹿头上顶着一对大大的角，隔着老远就能看见，漂亮得很。"喜欢岩羊的受访者则因其不具竞争性的行为特质，而为之赋予了想象中的优良品格："它们很善良，对人和其他动物都没有坏心眼。"为数不多的对有蹄类野生动物持有负面看法的受访者也没有展现出明显的敌对态度，仅仅表达了对岩羊、白唇鹿与家畜竞争草场的无奈，而这种无奈主要存在于草场状况不佳或面积有限的情况下："岩羊和白唇鹿吃草太多了，也说不上特别讨厌，但希望它们能来得少一点。主要是自己家草场太小了，怕牛不够吃。"

对于有蹄类野生动物和家畜共用草场的情况，大部分受访者认为可以接受："有时候岩羊和鹿会过来吃一点，没太大问题。""一直都是这样，没什么。有时候会来一大群白唇鹿，有100多只，但它们待的时间不长，这里吃点，那里吃点，一会儿就走了。"但也有受访者对此表达了不满，因为在每年的繁殖期，白唇鹿会跳过围栏进入草库伦，吃掉牧户为身体虚弱的小牛过冬而预留的牧草。对进入草库伦的白唇鹿，牧户通常会采取驱赶行为。"鹿能把围栏撞坏了跳进来，一下来一大群，把草库伦里的草都吃光了，见了就赶一下。""有时候吃草吃得太厉害了，跳进草库伦里面，白天把它们赶走，晚上又进来了。"还有一名受访者曾尝试过在夜间使用大功率的探照灯驱赶白唇鹿，但没有效果。有趣的是，虽然一部分居民会驱赶白唇鹿，但对于前来吃草的岩羊却鲜少干预。一是因为岩羊很少进入草库伦，二是因为岩羊是雪豹的主要食物来源之一，岩羊在自家草场活动反而有利于家畜生存。一名喜欢岩羊的受访者表示："希望岩羊多一点，来的岩羊越多，雪豹吃的牛越少。"

与2018年的调查结果相比，受访者对马麝的态度出现了尤为积极的变化。在当地居民眼中，马麝是祛病消灾的象征，其一是因为麝香在传统藏医药中具有的功效和价值，其二则是文化与宗教层面的解释——传说马麝受到掌管健康的神灵庇佑，有马麝出没的地方人和牲畜都不会生病。2020年初新冠疫情的暴发使得居民对马麝的关注和喜爱程度大幅上升："现在外面传染病很厉害，麝香的味道人虽然闻不见，但也能起作用，可以防止传染病。""马麝能给人和动物看病，就像医院的大夫一样。"还有受访者认为："马麝的粪便也比岩羊、白唇鹿的好，留在草场上，是最好的肥料。"由于对接待家庭的访谈主要集中在疫情发生之前，而对非接待家庭的访谈则在疫情发生前后均有开展，这可能是造成两个群体对马麝喜好程度存在差异的原因之一。

2. 食肉动物：人兽冲突与保护政策

尽管生活在昂赛地区的居民一直受到频频发生的人兽冲突的困扰，但不同时期对于不同肇事物种的态度却存在着显著的差别。在近年来的访谈中，昂赛乡居民对棕熊表现出了愈发强烈的负面态度，这一结果明显受到了2019年棕熊伤人致死事件的影响。一些受访者（尤其与死者一家熟识的人）在提到棕熊时情绪异常激动，屡次用到"恨

透了"和"怕极了"等字眼。一名非接待家庭受访者解释道："雪豹
和狼也要吃肉，咬死一两头牛是没办法的事。但熊是真正坏到家了，
它心里想着要把人杀死。""熊的危害实在太大了。现在一个人不敢
去放牧，也不敢上山巡护。"入室毁坏房屋则是棕熊遭受人们憎恨的
另一个主要原因："每年房子修得好好的，家具漂漂亮亮的，熊一来
就砸得稀巴烂。"而对于人熊冲突加剧的原因，有受访者借助民间传
说故事加以解释："以前熊特别怕马。因为熊原先也有蹄子，有一
回和马打架，被马给踢掉了。但现在养马的人少了，熊什么也不怕
了。"也有人将其归因于保护政策："以前可以打（猎），熊怕人得
很，现在不让打了，变成了人怕熊。"还有一部分受访者甚至将对棕
熊的怨恨转移到了政府工作人员和保护工作者身上："现在老百姓最
大的敌人就是熊，上次被熊打死的人家，领导过来（看望），乡亲们
说要一起上山把熊打死，领导拦着说不能打。杀了人也要保护它，这
不是成了帮凶了吗？""熊聪明得很，它知道有人在背后保护它，胆
子就壮起来，什么事都敢做。"

　　相比之下，受访者对人兽冲突中的另一个肇事物种——狼的态度
相对较为温和。尽管两个受访群体中对狼持有负面看法的人数（非接
待家庭12人，接待家庭4人）均远多于持有正面看法的人数（非接待家
庭2人，接待家庭1人），但受访者提及狼时却显示出了非常高的容忍
度。在当地居民眼中，食肉动物捕食家畜是正常的自然规律，生活在
草原上就要承担这样的损失和风险。"狼是食肉动物，它们也会冷，
也会饿，不吃肉不行。""狼本来就是吃肉的，没办法。不那么喜
欢，但也不恨它。""吃牛就让它们吃去吧，对人没有危害就行。"

　　雪豹也是家畜的主要捕食者之一，但昂赛地区的牧民对于雪豹
却普遍有着积极的看法，对其喜爱程度甚至超过了有蹄类野生动物。
究其原因，一方面，是受到宗教观念的影响，在当地传统文化中，流
传着"雪豹是山神的宠物"这一说法，居民认为对其应当怀有崇敬之
心；另一方面，人们对雪豹的积极态度与近年来保护政策的实施和宣
传力度加大有着更为直接的关系，非接待家庭受访者在谈及雪豹时多
次出现了"明星""国宝""保护动物"等词汇。与此同时，部分受

访者在谈论雪豹时会将自身喜好与保护价值分开。在对雪豹持积极态度的受访者中，普遍存在着诸如此类的解释："虽然自己本来不太喜欢，但国家重视，那说明它肯定是好的。""以前不喜欢，后来听说杂多（县）成了'雪豹之乡'，慢慢也觉得挺好的。"而对雪豹持反感态度的受访者则表示："雪豹实际上不是什么好东西，但听说是一级保护动物，大家都拿它当明星一样，只能保护好它。"在非接待家庭受访者中，只有一人提到了与保护政策无关的原因："雪豹只有在最干净、最神圣的地方才有，能看见雪豹，说明这是个好地方。"

　　而接待家庭受访者喜爱雪豹的原因，除了与保护政策相关的内容之外，还出现了非接待家庭成员不曾提及的审美价值。有多人提到雪豹"样子漂亮""花纹好看"。有一名接待家庭向导表示："雪豹经常吃牛，但总的来说还是喜欢它们的，因为小雪豹长相可爱，相机拍出来也好看。"这一视角显然与带自然体验者寻找和拍摄动物的经验有关（图7.3）。此外，在非接待家庭受访者中，有3人把雪豹列为不喜欢的动物之一，而接待家庭里则没有人对雪豹表示反感。

(a)　　　　　　　　　　　　　　　　(b)

图7.3　自然体验项目的开展为人兽冲突赋予了新的含义。（a）一名接待家庭向导为自然体验者展示被棕熊毁坏后尚未修复的房屋；（b）自然体验者镜头中捕食牦牛的雪豹

　　3．其他随时空变化的因素：物种活动区域、种群数量与种间关系

　　在访谈中我们还发现，当地居民对野生动物的态度并非基于某个固定不变的立场，而是体现出一种与所处环境之间有趣的辩证关

系——受访者对某些物种的喜好程度与自家地理位置和野生动物活动范围密切相关,并且会随着种群数量变化而发生改变。而野生动物的种间关系也会对居民所持有的态度产生影响。

对于近年来开始在昂赛地区出没的野猪,持有负面看法的受访者都来自草场受破坏最严重的N村一社:"野猪挖草根吃,把地皮全都拱起来了,好几年也恢复不了。"但一名住在高海拔地区的居民则持有完全相反的态度:"以前从来没见过野猪,有一回去亲戚家串门,第一次看见,特别喜欢,赶紧追出去拍了照片。"一些居民对鼠兔的看法取决于当年的数量:"鼠兔少的时候挺喜欢它们,有些年鼠兔多得成灾了,把草场弄得坑坑洼洼,就不喜欢。"

在另一些情况下,受访者对某些野生动物的态度则取决于该物种和其他物种之间的互动关系。一名受访者因反感金钱豹而对雪豹转变了看法:"虽然也是保护动物,但跟雪豹比起来,金钱豹更大更凶,牛要是被它抓住,咬一下就死了。还是希望雪豹多一点,金钱豹最好不要来[①]。"而另一名受访者则因金钱豹对狼的威慑作用而对其持有积极态度:"金钱豹不算太坏,因为有金钱豹的地方狼不敢来。"

4. 自然体验者观赏偏好

对比两个群体的访谈结果可以看出,接待家庭成员对与家畜存在竞争关系的有蹄类野生动物和人兽冲突的肇事物种均表现出更高的容忍度和喜爱程度。造成这一差异的原因,除了可能有少数接待家庭成员担心访谈结果影响下一年的接待资格,而有意展现出积极态度之外,也受到了自然体验者偏好的影响。

接待家庭受访者对野生动物的喜爱程度排序与自然体验者的观赏偏好十分吻合。最受接待家庭欢迎的动物——雪豹和白唇鹿,分别是自然体验者最希望看到的食肉类和有蹄类野生动物。此外,曾有自然体验者将棕熊列为在昂赛地区最期待遇到的动物之一,并为寻找棕熊延长了在接待家庭停留的时间,此举给接待家庭带来的额外经济收益,对于降低接待家庭成员对棕熊的反感程度起到了一定的作用。

---

① 受访者认为,雪豹和金钱豹存在一定竞争关系。有居民反映,雪豹活跃的地区金钱豹很少出现。

7.5　居民对人兽冲突的处理方式

　　面对野生食肉动物捕食家畜、棕熊毁坏房屋等人兽冲突事件，当地居民通常会采取相对温和的处理措施，例如，将被捕食牦牛的剩余尸体取回家中、加固房屋或架设电网防止棕熊进入等，其目的是减少财产损失、保卫人身安全，而非对肇事野生动物实施报复。这些措施可能通过提高野生动物的捕食成本、造成轻微刺激等方式，对野生动物的行为产生一定影响。我们在调研中发现，尽管自然体验项目的开展在一定程度上提高了接待家庭成员对肇事物种的容忍度，但接待家庭受访群体对人兽冲突的处理方式与非接待家庭没有表现出显著区别。

　　对于被野生动物捕杀的牦牛，两个群体中的多数受访者都会选择取回尸体（表7.6）。在就此问题接受访问的21户非接待家庭中，71%的受访者会在发现家畜被捕食的第一时间将尸体拿回家中。一方面为了保护尸体的剩余部分，等保险公司的牛羊保险协保员前来拍照，用以申请赔偿金（图7.4）；另一方面，在拍照之后，死去的牦牛可供全家人继续食用。10%的牧户表示不会拿回，原因是"发现的时候一般剩不了多少了，兀鹫一来没几分钟就没了。""大牛拉不动，小牛没什么肉，一般不会拉下来，就扔在山上了。"而另外19%的受访者则表示会视情况而定。"冬天被咬死的牛带回来还能吃，夏天不会带回来，因为肉容易坏掉，人吃了会生病。""主要看牛的大小，能带就带回来，拉不动就扔在那儿。""要是肉剩得多就拿回来，剩得少就留在山上让兀鹫吃了。"

表7.6　昂赛接待家庭与非接待家庭对被野生动物捕杀的牦牛尸体的处理方式

处理方式	接待家庭（n=18）		非接待家庭（n=21）	
	人数	比例/（%）	人数	比例/（%）
将尸体拿回家中	12	67	15	71
不会将尸体拿回（即留在山上）	2	11	2	10
视情况而定	4	22	4	19

(a)　　　　　　　　　　　　　　　　(b)

图7.4　昂赛乡居民对人兽冲突的处理方式。（a）一户居民将被雪豹咬死的牦牛尸体带回家中，等待牛羊保险协保员前来拍照；（b）受访家庭为防范棕熊毁坏房屋而安装的带刺铁门

对于这一问题，18名接待家庭受访者中持各种意见的人数比例与非接待家庭相差不大，"将尸体拿回家中""不会将尸体拿回"以及"视情况而定"的比例分别为：67%、11%和22%。但值得注意的是，在表示要"视情况而定"的4名接待家庭成员中，除了考虑季节、被咬死的牛的大小以及尸体的完好程度之外，其中1人还提到了会根据捕食牦牛的野生动物种类做出不同的反应——如果被狼捕食，自己看到了会把狼赶走，把肉带回来；但如果是雪豹则不会干预，因为"雪豹是保护动物，不能从它嘴里抢吃的，它辛辛苦苦抓到了牛，就留给它吃饱。"尽管无法验证他的实际行为与访谈中描述的是否一致，但这一回答至少反映了受访者视角的微妙转变。在谈及如何处理被野生动物捕食的牦牛时，其他人的理由均从自身视角出发，即考虑"肉还能不能吃"，而这名接待家庭成员却站在了野生动物的立场，意识到自己取回尸体的行为对雪豹可能产生的影响，这一视角转变在非接待家庭成员的访谈中暂未出现。

研究还调查了受访家庭在虫草采集季，为防止棕熊进入冬草场无人看守的房屋而采取的主要措施[1]（表7.7）。在35户受访非接待家庭中，10户（28%）以防熊效果显著、不会对棕熊或其他动物产生伤害，但成本较高的预防型措施为主，包括加固门窗、加高围墙、盖

---

[1]　同时采取了多种防熊措施的家庭，按对野生动物伤害程度最高的措施归类。例如，某户人家在房门口摆放了带钉子的木板，同时减少了房屋内的食物储存，则按前者归类，算作采取防御型措施。

二层楼等；21户（60%）主要采取成本较低，防熊效果有限，可能对周边野生动物产生轻微伤害的防御型措施，包括安装带刺铁门（图7.4）、在门口摆放带钉子的木板、安装电围栏、播放噪声等；3户（9%）采取零成本、对野生动物无伤害但防熊效果不显著的退让型措施，包括在家中无人时敞开门窗、减少食物储存等；此外，在受访非接待家庭中，还有1户居民（3%）采取了请僧人念经、在院中燃烧牛粪 [②] 的方法防熊，在统计表中归入"其他"类别。而在14户受访接待家庭中，采取预防型措施、防御型措施和退让型措施的分别有5户（36%），8户（57%）和1户（7%）。

表7.7　昂赛接待家庭与非接待家庭采取的防熊措施

采取的防熊措施	接待家庭（ n=14 ）		非接待家庭（ n=35 ）	
	人数	百分比/（%）	人数	百分比/（%）
预防型措施（效果显著，成本高，对野生动物无伤害）	5	36	10	28
防御型措施（效果有限，成本低，对野生动物有轻微伤害）	8	57	21	60
退让型措施（效果不显著，零成本，对野生动物无伤害）	1	7	3	9
其他	0	0	1	3

根据访谈结果，两个群体中采取防御型措施的受访家庭比例相当，接待家庭采取预防型措施的比例略高于非接待家庭。但整体来看，采取各类措施的人数比例没有悬殊差异。

7.6　开展生态旅游特许经营对居民自然资源利用和保护态度的影响

目前，自然体验项目的开展对社区居民资源利用方式产生的影响，主要体现在项目参与者所在的放牧小组轮牧时间的变化上。每年夏季，自然体验项目访客量达到全年高峰，会促使接待家庭提前从高

---

② 可视为与当地传统宗教文化相关的仪式性举措，在搬入夏草场前进行。该受访者认为，他采取的方法比其他居民的防熊措施更有效。

海拔地区的夏草场搬回位于低海拔地区、建有固定房屋的冬草场，而这一变化也会影响同一放牧小组里的其他家庭的转场时间，有可能造成冬草场的畜牧压力增加。而现有牲畜数量是否会超过冬草场的畜牧承载力，仍然有待观察。

在牲畜畜养方面，接待家庭现阶段的减畜意愿和参与项目以来的牲畜变卖数量都高于非接待家庭，但并非收入增加所致，而是因为家中劳动力减少。对于草场围栏的设立和使用，接待家庭和非接待家庭受访者持有相似观点，支持草场围栏使用的人数多于反对者人数。但受到自然体验者生态保护观念的影响，接待家庭成员除考虑放牧成本之外，还会观察草场围栏给野生动物行为和活动范围造成的影响，未来在自家草场上大规模增设围栏的可能性较低。

接待家庭成员对当地野生动物的喜好程度在一定程度上受到自然体验者偏好的影响，对与家畜竞争草场的有蹄类野生动物和人兽冲突肇事物种均表现出更高的容忍度，但接待家庭与非接待家庭处理人兽冲突的方式目前没有表现出显著区别。与此同时，当地居民对野生动物持有的态度会受到包括自身生命财产安全、家庭生产生活成本、政策导向以及野生动物在宗教信仰和传统文化中的内涵等的诸多因素的影响。而如何避免生态旅游项目产生的经济激励削弱上述因素之间的相互制约作用，破坏居民原有价值观体系中存在的辩证关系，应当成为项目开展过程中考虑的重点。

第八章

来自"大猫谷"的挑战：

在三江源国家公园开展生态旅游特许

经营面临的问题与改进建议

经过数十年的探索与实践，全球自然保护领域的工作者已经认识到平衡保护与发展的重要性，将当地社区纳入利益相关者的保护项目往往能够更有效地实现生态保护和社会经济发展目标。但在许多国家和地区，开展国家公园和自然保护地相关项目的社区影响研究仍然缺乏政治意愿和资金支持。一方面，是出于人们对评估结果可能不利于自然保护或经济发展策略的担忧；另一方面，在人与野生动物共存的环境中开展社区保护，并评估其取得的生态与社会效益，需要对区域内的地理气候、自然环境与生物多样性以及当地的政治、经济、社会与文化特征进行全面考量。只有在自然科学与社会科学领域开展跨学科合作，才能使国家公园和自然保护地内的社区影响评估得到有效、深入的开展。

以全球视角来看，围绕昂赛自然体验个案进行生态旅游特许经营试点社区影响评估，其研究过程和结果所提供的经验也许不具有普遍参考性，但在村落和家庭的微小尺度上探究国家公园体制创新举措给当地社会带来的影响，这一尝试为我们了解个体与社群的未来决策提供了有价值的参考。时至今日，建立国家公园面临的最大挑战不再是生物多样性保护和栖息地恢复，而是如何在有人类栖居的景观之中，重新塑造人与自然的关系。

8.1　昂赛自然体验特许经营项目社区影响汇总

在经济层面，自然体验项目的开展提高了社区参与者的收入水平和居住条件，其带来的直接收益在提升参与者家庭生活水平、社区地位以及子女教育条件等方面发挥了积极作用。与此同时，对项目收益所采取的社区分配方式，在提高接待家庭成员的公共事务参与意愿和提升社区话语权方面起到了一定的社会激励作用。然而，由于参与项目的家庭数量有限，项目的开展对于提升社区居民整体收入水平没有起到显著作用，并且在一定程度上扩大了居民之间原有的经济与社会地位差异。除此之外,参与者对项目收入存在的认知偏差、不同参与者之间的收益差距,以及社区公共基金用途不符合居民预期等问题,则会在一定程度上削弱生态旅游收益带来的积极影响。而有限的社区参与范围、社区对外部存在的资金和技术的依赖以及当地社区在参与项目过程中面临的收益漏损,有可能成为限制居民从项目发展中获取更大利益的阻碍。但从长远角度来看,项目带来的收益能够缓冲外部市场变动给当地居民造成的经济影响,并具有提升社区应对自然灾害和公共突发事件弹性的潜力。

昂赛自然体验项目对于居民搬迁决策产生的影响通过间接方式发挥着作用。家庭经济状况、子女教育需求和遭遇人兽冲突的经历是影响当地居民是否搬迁以及何时迁居城镇的主要因素,而项目的开展则为接待家庭提供了更多选择:一方面为搬迁城镇打下了良好的经济基础,另一方面也为留居牧区提供了多样化的生计保障。然而,由于有着"参与者须为本地住户"的条件限制,出于能够在搬迁后继续从项目中获益的期望,在项目参与者家庭内部可能出现需求分化,使得接待家庭中一部分成员迁往城镇,另一部分成员长期留在牧区。因此,如果仅仅提供经济激励,而不能适应当地居民日益变化的生活方式、子女教育和人际关系需求,自然体验项目的开展有可能会和其他经济与社会因素共同作用,造成项目参与者家庭结构的碎片化。但从积极的角度来衡量,项目也可能会在一定程度上帮助参与者积累生计转型资本,提高社区应对政策和市场变化的适应能力,缓解居民集中搬迁、集体减畜对生态环境造成的冲击。

在社会与家庭关系层面,自然体验项目带来的影响同样存在双重效应。与外来体验者的深入接触给参与项目的接待家庭成员,尤其是青年女性扩展社会关系提供了新的平台,也为她们获得经济独立创造了更多的机会。与此同时,通过与外部社会日益频繁的互动,社区居民原有的性别观念也在发生转变。当地女性的权利意识在这一过程中得到了相应提升。然而在现阶段,当政策福利、市场机遇与家庭中的资源与劳动力分配需求发生冲突时，观念的转变尚不能为已有问题找到直接有效的解决方案，而是将地区发展过程中显现的社会矛盾转移到了家庭内部。随着项目影响的逐步扩大，这一转变在提升社区女性权益、帮助社区居民构建新的社会关系、促进社区能力建设等方面可能会发挥更为积极的作用。

现阶段，昂赛自然体验项目对社区居民资源利用方式的影响主要体现在轮牧时间和牲畜养殖规模的变化上。夏季到来的访客高峰会促使接待家庭连同其所在的整个放牧小组提前搬回冬草场。在参与项目的第一年中，接待家庭的减畜意愿和实际牲畜变卖数量都高于非接待家庭，但这并非由于收入增加所致，而是因为家中从事畜牧的劳动力减少。接待家庭成员对当地野生动物的喜好程度也在一定层面上受到了自然体验者偏好的影响，对与家畜竞争草场的有蹄类野生动物和人兽冲突肇事物种均表现出更高的喜爱和容忍度，但他们遭遇人兽冲突时采取的处理方式与其他居民相比没有显著区别。另外，借助参与自然体验项目所获得的外部视角，接待家庭对草场围栏的设立与使用有可能会逐渐向着有助于生态保护的方向转变。而与此同时，项目带来的经济激励是否会破坏当地居民原有的价值观体系，促使人们以二元对立的视角看待身处其中的自然环境和栖息于此的野生动物，仍然有待观察。

综上所述，根据现阶段的社区调研结果，昂赛自然体验项目在经济收入与生活水平、搬迁决策、家庭与社会关系、自然资源利用和保护态度四个方面给当地居民带来的影响均存在积极与消极层面。我们结合在世界范围开展的生态旅游项目的社区影响评估结果，对限制项目发挥积极影响的各类因素进行了梳理，并对今后项目在当地的社会与经济发展以及生态保护成效方面可能发挥的贡献给出了预期（表8.1）。

表 8.1 昂赛自然体验项目社区影响

	已产生的积极影响	已产生的消极影响/未产生预期的积极影响	限制发挥积极影响的因素	项目在当地的社会与经济发展和生态保护成效方面可能做出的贡献
经济与生活水平	1. 提升项目参与者的经济收入、居住条件和生活水平; 2. 提升参与者在社区内部的社会地位及其阶层与声望;提高参与者家庭成员的公共事务参与意愿和在社区内的话语权	1. 扩大居民之间原有的经济收入、社会地位差异; 2. 对于提升社区的整体经济水平作用有限	1. 社区参与者对项目收益产生认知偏差; 2. 参与者之间存在过大的收入差异; 3. 项目公共基金用途与社区居民预期不符; 4. 不合理的项目规模与社区参与的依赖; 5. 社区对外部资金和技术的依赖; 6. 社区收益漏洞严重	1. 缓冲虫草市场变动给当地社区造成的经济影响; 2. 增加社区应对自然灾害和公共突发事件的弹性
搬迁决策	为参与者家庭未来的发展选择了更多选择;为搬迁进城提供了良好经济基础,为留居牧民提供了多样化的生计保障	号召参与者家庭成员意见分歧和需求分化,形成多地分居家庭	1. 社区参与者准入机制缺乏灵活性; 2. 项目无法为参与者的生活方式、子女教育和人际关系为维系提供支持	1. 帮助居民积累生计转型资本,提高对政策和市场变化的适应能力; 2. 缓解居民集中搬迁、集体减畜对生态环境造成的冲击
社会与家庭关系	1. 为项目参与者家庭开展社会关系提供了新平台,为家庭中的青年女性获得经济独立创造了更多的机会; 2. 有助于社区女性提升权利意识,树立新的性别观念	将地区发展过程中的社会矛盾转移到家庭内部: 1. 引发参与者家庭成员之间的矛盾; 2. 在项目参与者和非参与者之间造成利益冲突	1. 项目的组织管理模式强化或破坏社区原有权力结构、社会关系和性别分工; 2. 外部机构与自然体验者对社区及家庭内部事务过度干预; 3. 当地社区难以解决政策、市场机遇与家庭中的资源劳动力分配需求之间的矛盾	1. 促进社区女性赋权; 2. 帮助社区居民构建新的社会关系网络; 3. 提升社区治理水平,促进社区能力建设
自然资源利用和保护态度	1. 促使接待家庭逐步减少性畜养殖规模; 2. 提升接待家庭成员对野生动物和人兽冲突事物的喜爱和容忍程度	1. 项目参与者所在放牧点冬季转场时间提前,增加冬季转场畜牧压力; 2. 项目参与者处理人兽冲突的方式未改变	1. 项目产生导向资源破坏行为的经济激励,迫使居民迅速提高劳动成本过高; 2. 参与自然体验面临生计转型风险; 3. 自然体验者对野生动物的观赏偏好过于单一; 4. 来自外部社会的生态保护观念与社区居民原有的价值观相互冲突	1. 促使项目参与者减少围栏的设立和使用;在保障自身生命财产安全的前提下,对人兽冲突采取更缓和的应对方式; 2. 当地传统文化、宗教信仰与外部价值观产生良性互动,助力生态保护

8.2　三江源国家公园生态旅游特许经营项目开展过程中可能面临的挑战和问题

作为三江源国家公园第一批生态旅游特许经营试点，昂赛自然体验项目在为寻求保护与发展的平衡做出贡献的同时，也遇到了诸多挑战。我们结合实地调研、自然体验者问卷调查结果和来自社区居民的反馈意见，从特许经营项目的授权和监管、访客准入与管理、社区参与自然体验过程中面临的挑战三个方面，以昂赛自然体验项目为样本，探讨了在三江源国家公园开展生态旅游特许经营项目可能面临的挑战和问题。

8.2.1　特许经营项目的授权和监管

1.昂赛乡的私营旅游接待活动

在调研期间，除正式获得国家公园特许经营权的昂赛自然体验项目与澜沧江漂流项目之外，昂赛乡还有其他五个以旅游接待为主要服务内容的经营活动。其中规模最大的是为游客提供餐饮与住宿服务的帐篷房车营地项目（当地牧户称之为"大本营"），经营方是与昂赛自然体验项目同一运营主体的昂赛乡N村生态旅游扶贫合作社（图8.1）。在扣除运营成本之后，该项目所得收益通过为N村村民缴纳医疗保险的形式回馈社区。而其他四个项目则由当地牧户或外来公司组织经营，尚未获得国家公园的正式授权，所得收益为私人或公司所有。在其中三个由当地牧户经营的度假村中，均有自然体验接待家庭参与（图8.2～图8.4）。

2019年7—8月间，我们对五个经营活动的开展成本和运营状况进行了初步统计（表8.2），并对三家牧民私营度假村的8名参与者进行了非正式访谈。在被问及他们的经营活动是否得到了有关部门的批准时，有人提到自己的某个任职于政府部门的亲戚知晓此事或是参与经营，但8名受访者对国家公园特许经营的概念均没有深入了解，多数人甚至表示从未听说过。在了解了特许经营的含义后，这些私营度假村的参与者表明，如有必要愿意按正规流程申请。

(a)

(b)

图8.1 "大本营"帐篷营地。(a)配备有40座三人野外帐篷;(b)5辆可供住宿的房车

(a)

(b)

图8.2　黑帐篷度假村。（a）黑帐篷外景；（b）帐篷内售卖手工艺品，并提供餐饮和
住宿服务

(a)

(b)

(c)

图8.3　大峡谷风情园。（a）经营者从杂多县县城聘请工匠制作的布达拉宫微缩景观；（b）设立在路边招揽生意的招牌；（c）风情园内供游客娱乐的设施

(a)

(b)

图8.4　果道沟度假村。（a）雨季降水加宽了度假村门前河道的宽度，为方便游客进入，经营者铺设了横跨河道的简易木板桥；（b）院中布置着印有度假村logo的彩旗和野牦牛标本装饰

表8.2　大本营和其他私营旅游接待活动2019年运营情况

	大本营	黑帐篷度假村	大峡谷风情园	果道沟度假村	岗迪斯精品牧居
开办时间	2018年	2019年	2019年	2017年	2018年
运营时间	7月中旬—10月中旬	7月15日—10月初	6月中旬—9月底	7月1日—9月10日	全年开张
经营主体	昂赛乡N村生态旅游扶贫合作社	放牧小组（15户合营）	放牧小组（22户合营）	放牧小组（由3户创立，17户合营）	外来资本与本地公司合营
收费标准	小帐篷260元/天，藏式帐篷200元/天，房车500元/天	收费标准暂时未定	小帐篷50元/床位，大帐篷100元/床位	50元/床位	388元/晚
经营规模	40个小帐篷，6个藏式帐篷，5辆房车	1个黑帐篷、2个小帐篷、1个开放式大帐篷	2个小帐篷、4个大帐篷	—	5个住宿帐篷，3个露天餐厅，3个大餐厅，5个小餐厅
经营内容	住宿、餐饮	住宿、手工艺品销售、餐饮、跳舞	自助餐、跳舞、骑马、射箭，有一个微缩布达拉宫景观供游客拍照，20元/次	住宿、餐饮	住宿、餐饮、娱乐、可提供会议场地
容纳客人数量	最多同时容纳180人	大约可容纳15人	最多同时容纳25人	最多同时容纳30人	容纳20多人
消费群体	政府考察团、自驾游旅客	自驾游旅客、本乡居民	熟人介绍过来的杂多县游客（1/5是经营者的朋友）和本乡居民	多为来自杂多县县城和玉树市结古镇的客人，少数外地游客	外来客人和本乡居民，政府考察团等
投入成本	—	20万元	35万元左右	40多万元	—
盈利情况	2018年总收益60万元，2019年7月10多万元	尚未盈利	营业期间每月3万～4万元	营业期间月收益6万～10万元不等	—

在访谈中我们发现，与事先预测的情况有所不同，并非所有度假村都以赚取经营收益为主要开设目的。黑帐篷度假村的一名经营者提到，自己曾考虑过三江源国家公园正式挂牌成立后，自家参与开办的私营度假村可能会被取消运营资格，但他预计可以因此获得一定的经济补偿，并期望能从中赚取利润。据他推算，参与经营的成员所获得的补偿金额将大于各自的投入成本。由此可以猜测，在这些私营度假

村的参与者中，一些人或许正是怀着对国家公园将逐步规范管理的预期，才开展了此类未获授权的旅游接待活动（类似于有些居民为应对拆迁规划而临时搭建违章房屋的"圈地"行为）。他们将国家公园对核心保护区旅游开发的限制措施视为一次经济上的机遇，所期待的不仅是开展旅游经营活动的收益，而且还有私营旅游活动被禁止后政府给予的补偿。

此外，即便是以营利为主要目的的私营度假村，在运营时间、经营内容与消费群体上也与两个生态旅游特许经营项目存在差异。尽管度假村经营者们都提到，自己也会和自然体验接待家庭一样，带领游客寻找野生动物，但三个私营度假村提供的服务均以骑马、射箭、藏餐和家常炒菜等餐饮娱乐活动为主。果道沟度假村的经营者表示，自家接待的多为来自杂多县县城和玉树市结古镇的客人，只有少数外省市游客。大峡谷风情园运营者则坦言："外地游客就是来吃饭喝茶，花不了多少钱。挣的主要还是本地人的钱。年轻人聚在一起唱歌跳舞，酒一喝就是好几箱，特意给他们进的葡萄酒。"对于三个度假村来说，被接待的对象有着随时间变化的明显规律，在夏秋两季的旅游高峰，以来自相邻市县的自驾游旅客居多，而在杂多县域范围实施交通管控的虫草采集季，本乡居民则成为度假村的主要消费群体。

2. 昂赛乡居民对国家公园特许经营试点的了解程度

在昂赛乡2018年举行的国家公园生态管护员培训会上，山水自然保护中心曾作为培训方之一，为参加会议的牧民管护员介绍国家公园特许经营制度的概念，并以昂赛自然体验项目技术支持机构的身份，介绍了项目设立的初衷、进展情况与收益分配制度，但此次培训没能获得预期的社区宣传效果。2019年初，我们对居住在昂赛乡3个村子里的40户非接待家庭进行了随机访问，结果显示，了解自然体验项目及收益分配制度的仅有8人，占受访者总人数的20%，而这其中有7人是接待家庭成员的亲戚、邻居或好友，另外1人则是因为在自家附近偶遇过带领自然体验者上山寻找动物的接待家庭向导，通过询问才得知的；在其余受访者中，有17.5%的人听说过自然体验项目，但不了解其运营方式和收益分配制度；而62.5%的人表示从未听说过自然体验项目，更不理解该项目如何促进保护，并给整个社区带来收益（表8.3）。

表8.3　昂赛乡居民对自然体验项目、澜沧江漂流项目及私营度假村的了解程度

了解程度	自然体验项目（n=40）		澜沧江漂流项目（n=31）		私营度假村（n=35）	
	人数	比例/（%）	人数	比例/（%）	人数	比例/（%）
非常了解或基本了解	8	20	4	12.9	12	34.3
仅听说过，但不了解	7	17.5	23	74.2	8	22.9
完全不知道	25	62.5	4	12.9	15	42.8

除自然体验项目外，我们也就昂赛乡居民对澜沧江漂流项目的了解程度进行了考察。在31名受访者中，对该项目的运营方式和开展过程有所了解的有4人，占受访者总数的12.9%，其中2人是因为自己有朋友或亲戚参加了该项目，有1人见过在户外举行的船长培训课程，还有1人是因为曾有参加活动的漂流者来自己家做客；此外，表示见到过有人乘船漂流，但不了解项目具体运营情况的有21人，听说过漂流活动，但从没见过的有2人，两者共占比74.2%；其余4人（12.9%）则表示从未听说过该项目。

相较自然体验和澜沧江漂流两个获得三江源国家公园授权的生态旅游特许经营项目，对于由当地牧户开设的包括黑帐篷、果道沟度假村和大峡谷风情园在内的三个未获特许经营权的私营度假村，昂赛居民的了解程度反而更高。在35名未参与度假村经营的受访者中，表示"了解或基本了解""仅听说过，但不了解"以及"完全不知道"的比例分别为34.3%、22.9%和42.8%。

社区居民对上述经营项目了解程度的差异，与项目采取的运营方式和是否存在实体场所有一定关系。私营度假村用于接待游客的帐篷和营地通常就搭建在道路旁显眼的空地上，而自然体验和澜沧江漂流两个特许经营项目在昂赛乡境内则没有专门的经营场地，因此很难让居民仅通过在社区会议上偶然听到的简单介绍，就对实际开展的活动有直观认识。尽管大部分昂赛居民都见过杂多县政府配发给接待家庭用于接待自然体验者的集装箱房屋，但许多不了解项目开展缘由的人却认为这些房子是精准扶贫工程配发给贫困户的福利，被不公平地分配给了跟乡干部关系好的富裕家庭；而谈及在大家眼中曝光率更高的澜沧江漂流项目，则有相当一部分受访者认为是由杂多县旅游局开展

的宣传和拍摄活动。

3. 居民对特许经营试点和私营度假村的接受度和参与意愿

现阶段，当地居民对由私人开展的旅游经营活动的接受程度和参与意愿都高于正规特许经营项目。在35名受访者中，超过半数（18人，51%）表示，如果有合作机会，自己也愿意投入成本或人力加入度假村经营。另有15人（43%）表示，不反对其他牧户开展经营活动，但自己不会参与，因为"没有足够的成本可以投入"以及"害怕赔钱"。而全部受访者中，仅有2人对私营度假村的经营活动明确表达了反感，理由分别是"如果游客来得多了，开着车到处跑，会压坏草地。""度假村开得多了，（经营者之间）会互相竞争，严重的话可能会打起来。"

与之相比，在被问及是否愿意参与自然体验项目时，尽管受访者通常会给出肯定的回答，但大部分人却对自己家能否成为合格的接待家庭持消极看法："家里太小了，客人没地方住，吃的饭外人也不习惯。""自己没文化，汉语不好，没法跟游客沟通。""家里人手不够，自己带客人去找动物的时候，就没人干活儿了。"还有1人提到，"选的接待家庭肯定都是村干部的亲戚，真正想好好接待的家庭不会选上的。"在被追问如何得出这一判断时，他表示自己并没有根据，仅仅是他的猜想。

值得注意的是，对社区居民而言，这些私营度假村所具备的功能并非仅仅是为外来游客提供接待服务，同时也是丰富当地人文化生活的公共场所。在表示对私营度假村有所了解的受访者中，有5人曾亲自前往某家度假村与经营者交谈或进行过消费，带着远道而来的亲朋好友去聚餐，或体验射箭、跳舞等娱乐活动。他们对这些经营项目的了解并非来自别人的讲述，而是自己的实际消费体验。甚至在一次入户访谈过程中，受访者认为在自己家中接受访谈"不够体面"，主动邀请我们去离家不远的大峡谷风情园边吃边聊。

与我们的认知恰恰相反，在许多居民眼中，特许经营项目是"由外人组织，为外人提供服务"的纯粹的旅游接待，而由当地人开设的私营度假村则与他们的生活息息相关，是可以为当地居民提供餐饮、娱乐和临时招待场所的"社区服务中心"。

8.2.2　访客的准入与管理

1. 隐形的旅游中介

考虑到自然体验者和牧民接待家庭之间可能存在沟通障碍，项目在选拔接待家庭时，要求确保家中至少有一名成员会说汉语。同时，自然体验项目报名网站中对参加活动的自然体验者也提出了相应的语言要求：团队里至少应有一名成员能用汉语进行交流。而如果团队成员均不具备语言条件，为满足报名要求，自然体验者往往会聘请一名精通汉语和英语（或自然体验者的本国语言）、对昂赛地区地理环境与野生动物分布有一定了解的"翻译兼向导"陪同前往，这一需求为此前来访过昂赛的自然教育和生态旅游业从业者提供了机遇。

根据第三章所述，在2018年8月—2019年12月到访昂赛的72支自然体验团队中，约1/5包含一名随团的翻译兼向导（以下简称"随团向导"）。包含随团向导的团队通常有以下两种组织方式：一种是自然体验者根据需求主动雇用随团向导，后者的自然体验活动费用由团队其他成员分摊，随团向导再根据所提供的服务内容向团队成员收取劳务费。另一种则是由随团向导（通常是此前来访过昂赛地区的生态旅游业从业者）自行组织招募并带领团队来访。后者往往以高于自然体验项目收费标准数倍的价格向团队成员收取费用，从中赚取差价，具有旅游中介的性质。

在自然体验者和接待家庭成员的相处过程中，旅游中介的参与可以起到促进双方沟通的作用，但与此同时，也在生态环境与社区关系层面引发了诸多问题与矛盾。基于促进自然保护与社区发展的原则，自然体验项目管理方不鼓励旅游业和自然教育从业者的商业获利行为。但旅游中介、自然体验者和接待家庭之间的互动，为我们预测自然体验项目的市场化运作对当地环境与社会的影响提供了前瞻性视角。

根据接待家庭反馈，在接待由旅游中介组织带领的自然体验团队时，其家庭成员与国外自然体验者的沟通成本会显著降低，自然体验者对行程的满意度也普遍较高。但在某些情况下，旅游中介的存在也会引发矛盾。例如，接待家庭向导和旅游中介对安排自然体验路线和日程活动的话语权产生争议、接待家庭在获知旅游中介高昂的收费标准后对利益分配产生强烈不满等。而自然体验项目社区管理员对此类问题处理意见不一，则会进一步引发社区内部的纷争。

自然体验者对于旅游中介的看法则相对积极。一部分经由旅游中介报名参加活动的团队成员表示，旅游中介提供的服务能够充分弥补接待家庭向导的技能短板。与他们在昂赛停留期间遇到的其他没有旅游中介的自然体验团队相比，旅游中介除了帮助他们解决跟接待家庭的沟通难题之外，也提高了团队见到雪豹的概率。一些自然体验者对当地接待家庭缺乏信任，担心接待家庭向导为节省油耗成本，会优先选择与居住地距离最近或交通条件便利的游览路线，从而错过野生动物最活跃的地点。而旅游中介基于对当地情况的充分了解和"消费者至上"的服务理念，会站在自然体验者的立场与接待家庭向导交涉，或绕过接待家庭向导直接带领团队成员前往其认定的最佳雪豹观测地。所以跟随旅游中介的自然体验者们往往在了解项目原定收费标准的情况下，仍愿意以高出标准的价格支付旅游中介的费用，以换取更有针对性的服务。

但正因如此，旅游中介的参与也在一定程度上增大了自然体验活动对当地生态环境影响的不可控性。当有自然体验者为了拍摄照片等目的，提出近距离接触、追逐野生动物或进入兽类巢穴等违反入园协议的要求时，受制于宗教观念或规章制度的约束，接待家庭向导通常不会予以配合。而旅游中介对破坏生态环境的顾虑相对较少，也不必为自然体验者的失当行为承担责任，他们多半会从中斡旋，为自然体验团队的利益最大化寻找解决方案。而接待家庭向导尽管不会主动迎合自然体验者做出破坏生态环境和威胁野生动物的行为，但在旅游中介获得了行程主导权的情况下，如有自然体验者意欲违反园区规定，只要不是对动物造成严重伤害的行为，为了避免矛盾的产生，接待家庭向导很少会直接出面阻止。

由此可见，旅游中介在自然体验活动中扮演的角色具有多面性，在弥补了接待家庭服务短板、提高自然体验者满意度的同时，也可能引发社区的不满，并增大活动对生态环境造成破坏的风险。在昂赛自然体验项目的现有运作模式下，旅游中介的商业获利行为难以进行界定和监管。因为大部分由旅游中介带领的自然体验者团队都秉持着自愿合作的态度与旅游中介达成了默契，声称彼此是朋友关系。仅仅通过设立规章制度来阻止旅游中介的参与，可能无法杜绝此类现象的发生，只会促使其转入更为隐蔽的层面。

2. 报名自然体验项目的"专业"来访者

昂赛自然体验项目为社会公众了解和进入三江源国家公园核心保护区提供了难得的契机，与此同时，项目对报名人员的来访目的和活动性质也有一定限制，即仅针对自然爱好者开放，而从事商业拍摄与科学研究等活动的专业人员需要单独向国家公园管理局提出申请，获得许可后才能在园区内开展活动。但在项目的实际运营过程中，这一规定的实施却存在困难。

对于一部分摄影师、媒体及科研工作者来说，相比同国家公园管理局取得联络、提交正式的拍摄或研究申请，并等待批复文件，自然体验项目的预约报名流程更为简便快捷。加之对自然体验者在园区内的活动难以实行集中监管①，使得一部分带有职业目的的团体隐瞒个人信息或弱化来访目的，仅以野生动物爱好者的身份报名自然体验项目，进入园区后，再私自开展商业摄影、纪录片拍摄和学术调研等活动（图8.5）。

以摄影师和媒体从业者为例，截至2019年底，仅在自然体验项目试点开展的一年半左右的时间里，公开了职业信息的来访者中，就有20余名来自不同国家的职业摄影师、纪录片导演、摄像师和制片人报名参加活动，并在提交的资料中表明自己仅作为野生动物爱好者来访，不带有商业目的。据观察，在他们日后发布的流入商业市场的影像作品中，有为数不少创作于来访昂赛期间，但如同其他自然体验者拍摄的活动照片和视频一样，这些作品顺理成章地成为自然体验之旅的"个人留念"，从而避开了商业合作需要经过的烦琐流程，也使得为作品提供了素材、劳力，甚至参与其创作过程②的社区居民被排除在

---

① 由于昂赛乡地理面积较为广阔，野生动物在各区域均有分布，自然体验活动没有规定路线。而接待家庭的居住地又较为分散，因此自然体验者在园区内的活动主要由接待家庭向导履行引导和监督的责任。

② 有些接待家庭向导会亲自拿着自然体验者的相机，前往不易攀登的地带替他们拍摄照片，或是应自然体验者要求在他们拍摄的"纪念短片"中饰演虚构的角色。

有着巨大增值利益的艺术市场之外。

尽管自然体验者签署的入园协议中包含关于拍摄成果与三江源国家公园昂赛管护站享有共同版权的规定，但其作品的使用和出版仍然具有很大的不确定性。不仅国外的自然体验者通过各国出版社或电视台公开发行的关于昂赛野生动植物的书籍与影视作品的版权所属无从追溯，对于那些发布在国内外社交媒体和网络平台上的业余影像作品，其创作内容和意欲传达的信息也同样难以预料。例如，在国外自然体验者所拍摄的短片中，即使故事情节围绕着野生动物展开，但片中难免涉及当地牧民家庭的生活片段，若对话与旁白中包含关于宗教信仰与价值观层面的探讨，如被用于带有政治目的的解读，很可能给当地政府和社区居民带来困扰。

(a)　　　　　　　　　　　　　　　　(b)

图8.5　报名自然体验的专业来访者。　(a) 商业摄影师团队；　(b) 某国家电视台摄制组成员

除摄影师和媒体工作者之外，一些具有社会科学背景的来访者也对牧民家庭的文化与社会生活有着很大的兴趣。他们在参加自然体验项目的过程中不会花费时间寻找动物，而是在向导的陪同下前往居住地周边牧户家做客，聊天内容涉及家庭经济收入、婚姻制度、社会公共生活等，很难与带有研究目的的社区访谈区分开来。加之来自国外的自然体验者与接待家庭的交流往往存在语言障碍，在和牧民家中不会汉语的长者进行交谈时，通常要经过团队成员的中英翻译与接待家庭向导的汉藏翻译这两个过程。随着谈话主题逐步深入，双方很容

易对对方的提问与回答产生误解，并由此得出错误的判断。曾有一名来自英国的自然体验者在偶然拜访一户牧民家庭后就产生了对当地居民婚恋习俗的误解，也曾有来访者将牧民在山上进行的正常生产活动与巡护工作误认为是盗猎行为。如果这些自然体验者将这一片面的经验代入其所从事的传媒或科研工作中，错误结论产生的影响可能会扩大。

此类情况在经过正式审批进入昂赛地区开展工作的国内外主流媒体和大中型机构的科研工作者中的发生概率较小。一方面，得益于专业团队的工作方式与谨慎态度，另一方面，则有赖于这些人员在来访前经过与政府部门和相关机构充分的前期沟通。来访过程中形成的作品或研究成果也会进行反复探讨，并征求各方意见，以确保内容的真实与准确。

对于来自国内外知名院校、科研机构与媒体的人员来说，获悉国家公园的管理体系与入园申请流程、与相关部门取得联络要相对容易得多。而这一过程对于很多（尤其是来自国外的）小型机构、组织和独立工作者来说却存在很大困难，即便有意与政府部门开展正规合作，并给官方网站上的联络邮箱递交了申请，也有可能因为没有找到合适的对接人传达信息而石沉大海，他们所遭遇的重重困难可能会促使其最终选择隐瞒来访目的，转而报名自然体验项目。

3. 自然体验者行为对环境产生的潜在影响

为了规避自然体验活动对昂赛生态环境产生负面影响，同时确保自然体验者的人身安全，自然体验者在入园前需要阅读《昂赛自然体验者守则》（以下简称《守则》）并签署相应协议。《守则》中对自然体验者进入园区后应当避免的行为做出了规定，包括严禁追赶、恐吓或引诱野生动物，与大中型动物保持200米以上的安全距离等。接待家庭也需签署相应协议，并在活动过程中由接待家庭向导对自然体验者在园区内的行为进行引导和监督。但在项目的实际运营中，仍有个别自然体验者无视协议规定，而接待家庭未履行监督义务，导致对生态环境和野生动物产生威胁的事件发生。

（1）影响自然体验者对环境负责程度的因素。

　　通过对违规事件的回溯，我们发现自然体验者对生态环境的负责程度与其职业、个人经历、参与活动的时长以及团队成员关系存在一定关联。其中，自然体验者所从事的职业和参与自然保护的个人经历对其是否履行生态保护义务有着显著影响。从事教育与科研工作、任职于公益性组织或参与过保护项目的自然体验者，往往具有更高的生态保护意识。但职业特征和个人经历与自然体验者的实际行为仅仅具有相关性，并非决定性因素，甚至有一些极端的反例恰恰出现在上述群体中。

　　根据接待家庭和其他自然体验者反馈，曾有一名与众多自然保护机构有着密切合作的国内知名摄影师，为了拍摄到雪豹活动的画面，要求接待家庭向导用石块投掷趴卧在山坡上休息的雪豹；也有在国内外多家保护机构担任顾问的著名生物多样性学者与鸟类专家，曾不顾劝阻，坚持使用无人机追逐拍摄白唇鹿，用事先录制的捕食者叫声恐吓正在孵化雏鸟的环嘴鸥离巢，并胁迫接待家庭向导陪同其靠近棕熊居住的洞穴。就职业性质而言，截至2020年底，从事野生动物摄影的自然体验者是因违反规定而被接待家庭或其他自然体验者投诉次数最多的访客群体。

　　此外，根据现有反馈信息，自然体验者对生态环境的影响与参与活动的时长呈现一定相关性，即停留时间越长的自然体验者，越有可能做出威胁野生动物的行为。其原因可以从两个方面进行解释：一方面，选择在园区长时间停留的自然体验者通常带有较强目的性，为达成目的极有可能做出对野生动物具有威胁性的行为；另一方面，较长的停留时间可能会削弱自然体验者对相关规定的重视程度，并加强了一部分人对自然资源的占有意识，使得自然体验活动对生态环境或野生动物造成伤害的风险增大。曾有一组在昂赛停留时间超过一个月的自然体验团队，为拍摄雌雪豹育崽画面在巢穴附近搭设了摄影帐篷，架设镜头日夜跟踪，并雇用当地居民在通向此地的道路旁看守，以阻止其他自然体验者前来游览。

　　而自然体验者对生态环境的保护意识与团队成员之间的关系也存在微妙关联。大部分接待家庭对以夫妻、情侣或亲子关系为核心的"家庭型"团队评价普遍较高。根据反馈，这类群体几乎从未出现过影响生态环境的违规行为。这可能是由于在"家庭型"团队中，团队成员展现的社会责任感有助于成员关系的维护与建立，为了在孩子、伴侣或未来家庭成员面前树立良好形象，他们更注重对规章制度的遵守以及与接待家庭成员的良性互动。相较之下，自然体验者的违规行为大多出现在由朋友、同事或合作伙伴组成的"盟约型"团队中。在这类团队中，成员关系的维护与建立不依靠责任感的体现，而是依靠活动目标的达成。"盟约型"团队通常对于寻找或拍摄某一物种有着异乎寻常的期待，当愿望达成有困难时，团队成员更有可能给接待家庭向导施压，通过引诱、驱赶野生动物等违规行为达到目标。

（2）自然体验者行为对社区居民生态保护观念的影响。

在2019年上半年，曾有三名摄影爱好者为拍摄雪豹到访昂赛地区并入住接待家庭[1]，停留超过一周，始终没有见到雪豹踪迹。团队成员提议用生肉等诱饵吸引雪豹，但接待家庭向导担心被发现后会被取消自然体验接待资格，因此予以拒绝。据向导本人透露，在三名访客的反复要求下，他最终采取了折中方案——通过问询周边牧户，寻找有可能遭到雪豹猎食的失踪家畜，发现尸体后便将其从牧户手中购买下来，并蹲守在附近等待雪豹。为防止尸体被其他食肉动物和猛禽分食，他们在白天用塑料布将尸体盖住，在晨昏等雪豹活跃的时段再将塑料布揭开，直到雪豹到来。这一行为没有明确违反原有的项目规定，却同样对野生动物的活动有着影响。

在更多情况下，自然体验者是在与接待家庭成员的互动过程中，对后者原有的价值观念造成了影响。自然体验项目开展初期，有自然体验者仅仅为了看到雪豹才报名参加活动，并在愿望落空后做出极端举动，或是对包括接待家庭向导在内的家庭成员恶语相向，或是在社交媒体上传播对自然体验项目和向导本人的负面评价。给当地社区，尤其是初次参与项目的接待家庭带来了很大的打击。而一些如愿看到

---

① 三名访客没有按流程报名活动，而是经人介绍直接与向导取得联络，入住自然体验接待家庭。

雪豹的自然体验者，则有可能因此给予接待家庭极高的评价，私下给向导小费[①]，或将一些贵重物品赠予向导及其家庭成员以示感激，甚至有团队成员在拍摄到雪豹捕猎的精彩画面后，直接将自驾的二手车过户给了向导。在这种价值观的影响下，接待家庭原本坚守的生态保护原则很容易发生动摇，难以保证在项目带来的收益大幅增长后，一部分当地居民不会为了迎合自然体验者而做出威胁或引诱野生动物的行为。

8.2.3　社区参与自然体验过程中面临的挑战

除了在特许经营项目的授权和监管、访客准入与管理方面存在的难题之外，当地社区参与自然体验项目的过程也同样面临挑战，现阶段主要体现在以下几个方面。

1. 加剧社区居民原有经济与社会地位差异

在试点项目启动阶段，昂赛乡政府与合作社共同协商，结合各家的居住条件、接待能力和地理位置，先后挑选出了22个牧民家庭作为自然体验接待家庭示范户，这样的考虑存在其合理之处，自然体验者对项目反馈的积极程度与接待家庭的居住条件和地理位置密切相关。而在有关社区居民经济状况的调研中我们发现，在不考虑项目收益的情况下，接待家庭的经济收入和生活条件同样高于昂赛乡平均水平[②]。与此同时，根据对非接待家庭自然体验项目参与意愿的调研结果，社区居民普遍将居住条件（"家里太小，吃得不好"）、语言水平（"没文化，汉语不好"）和劳动力成本（"人手不够"）视为参与自然体验项目的关键障碍。

换言之，尽管项目的管理运营方没有对接待家庭应当具备的条件做出明确规定，但对社区居民来说，参与自然体验项目的确存在着无形的门槛。现阶段，受到项目规模与运营方式的制约，参与项目的家庭实际上只能是社区中条件较优渥者，而不具备能力和条件

[①] 为了避免引发社区内部的恶性竞争，《自然体验者守则》中规定，自然体验者不可对接待家庭向导、接待家庭成员，或其他牧民家庭赠予活动费用以外的现金和贵重礼品，但仍有部分自然体验者对此项规定不予遵守。

[②] 详见第四章。

的家庭则很难参与其中。因而，至少在初期阶段，自然体验项目的开展很可能使得社区内的富裕家庭更富裕，而对相对贫困的家庭则毫无助益，这无形中加大了社区居民之间原有的经济与社会地位差异。

2. 缺乏合理的参与者退出机制

在制度设计方面，参与昂赛自然体验项目的接待家庭最初采取"末位淘汰"轮换机制。在每年年底合作社根据自然体验者填写的反馈问卷、接待家庭互评结果和参与项目的第三方机构[①]给出的分数对接待家庭进行考核，评分较低的家庭会被淘汰，而其他家庭则有机会成为新接待家庭参与到项目中。

2018年底，N村一户接待家庭因被自然体验者投诉私自索取费用而遭到淘汰。失去项目参与资格的向导曾在事件发生后参与过一次社区会议，当众退回了向自然体验者索取的费用，并在会上恳求合作社保留他的接待家庭名额。但他的请求被社区管理员和乡政府领导拒绝，本人也遭到了严厉批评。

在此后两年间，考虑到对新增接待家庭进行单独培训的成本较高，且已到位的集装箱房屋资源很难再集中调配，因此，尽管考核方式仍在继续，但合作社仅将评分作为社区年终总结会议的参考，接待家庭轮换制度未再继续实施。接待家庭数量一直保持在21户，直到2021年初才有R村一户新家庭加入。那户被淘汰的接待家庭在退出项目后就搬到了玉树市结古镇居住[②]，我们未能通过访谈直接了解此事是否对其社会关系产生了负面影响，在此后两年的时间里，我们再未见过这名向导回乡。

对于接待家庭来说，自然体验项目除了带来经济利益之外，也具有一定的社会激励作用。在项目启动之初，我们曾为每户接待家庭发放印有"昂赛自然体验接待家庭"的接机牌，以方便向导在机场迎接客人时表明身份。此后我们发现，有许多接待家庭将这张接机牌摆放在家中橱柜的顶端，与之放在一起的通常是赛马节或唱歌比赛的获

---

① 现阶段，为项目提供技术支持、对项目运营过程实施监督的第三方机构均为山水自然保护中心。

② 据了解，这户家庭在入选接待家庭前已在市区购房，但一直在牧区和城镇轮换居住，直到退出项目后才彻底迁居市区。

奖证书。他们将参与自然体验项目视为某种社会身份的象征，而接机牌则是向亲朋好友展示荣誉的证明。对于已迁居或计划迁居县城的接待家庭来说，即便参与自然体验项目跟整个家庭的发展和搬迁计划相悖，但仍然不会考虑退出，因为维持接待家庭身份不只关系到当年的收入，还关联到整个家庭在社区内部的声望。正因如此，对项目参与者而言，失去接待家庭资格不仅意味着收入减少，而且与个人能力的缺失和社会地位的降低画上了等号。

参与自然体验项目具有的社会激励作用所引发的连带效应，正是接待家庭轮换制度难以实行的原因之一。尽管轮换制度可以在一定程度上激励接待家庭提升接待水平，但在制度设计过程中，如果仅将其视作为监控项目质量而设立的一项技术措施，可能会在实施此项举措的过程中对接待家庭的社会关系产生负面影响。自然体验项目在引入竞争机制的同时，并未给参与者退出项目提供一个合理而体面的路径，这使得参与项目对当地居民而言成为"有进无退"的单向选择。

3. 当地居民参与项目管理面临的社会资本损耗风险

在2019年6月的自然体验项目社区会议上，根据接待家庭成员与合作社代表投票选举结果成立了项目社区管理小组，从接待家庭中选出四名代表，负责昂赛自然体验社区事务协调和财务管理工作，由此实现项目的社区自主管理和运营（图8.6）。社区管理员采用义务工作的形式，在代表合作社前往接待家庭通知接待日期和收集社区公共基金份额时，以每户50元的标准从项目的社区公共基金中获得交通补贴，而在往返各家各户进行接待顺序的协调、参加管理小组培训和出席自然体验项目社区会议时则没有补贴。

在2019年末收集接待家庭对社区管理小组的评价时，我们注意到绝大多数受访者都对管理小组的成立以及管理员的工作表示了支持和肯定，并愿意推选四名管理员在接下来的半年中继续担任职务。但也有接待家庭成员提出了不同的看法，认为管理小组的四名成员年龄较大，汉语水平不高，与自然体验者交流时存在很大障碍，非但无法协助接待家庭与自然体验者进行沟通，反而需要其他

(a)　　　　　　　　　　　　　　　　　(b)

图8.6　昂赛自然体验项目社区管理小组。（a）接待家庭成员投票选举管理员；（b）管理员在自然体验者到达当天负责收取费用，并监督自然体验者签署入园协议

年轻向导的帮助。除此之外，还有受访者指出，几名管理员与接待家庭之间的沟通也同样存在问题。一名向导在访谈中抱怨，四名管理员观念老套，对特殊事件的处理方式缺乏变通；他对4人在财务管理方面的能力也存在质疑，认为他们和社区内的大部分中老年人一样，没受过正规教育，数学水平较差，也不会使用计算器，由他们来负责社区公共基金存在一定风险："连手机都用不好，容易算错账。"

　　此外，还有一名接待家庭成员DZ提到了与管理员YT之间一次不愉快的经历。曾有一名自然体验者独自报名了为期4天的自然体验活动，按接待家庭的抽签顺序，应当入住DZ家。当时DZ家的小儿子正因阑尾炎手术住院，而DZ本人患有严重的高血压，无法长时间开车和爬山，便提出与其他家庭调换顺序。但YT却认定DZ是考虑到仅接待一名客人收益太低，借口自己和儿子身体不适予以推脱，想换取下一次接待更多人的机会。YT在随后的一次社区会议上公开提及此事（但没有公开接待家庭姓名），并提议再有此类情况发生，应直接取消本轮接待资格。DZ认为这件事对自己的人格和家庭声誉产生了严重损害，对此十分不满。

　　而在对管理员YT的访问中，他曾无奈地表示，担任社区管理员以来，自己除了考虑怎样更顺利地与自然体验者沟通，避免个别向导违规（如醉酒驾车）给自然体验者的人身安全带来危险之外，最伤脑筋的就是如何维持与其他接待家庭的关系。他担心会因为履行管理员的义务而与某些接待家庭产生矛盾，破坏邻里间原本和睦的关系。在2020年12月和2021年3月的两次接待家庭社区会议上，四名管理员中的AB和RQ两人分别以身体欠佳和忙于其他事情为由，相继辞去了管理者的职务。而他们的接任者是两名已搬到玉树市区，只在接待期间才回昂赛乡的接待家庭成员。

　　YT的困扰反映了担当项目社区管理员对个人社会关系带来的影响。促使AB和RQ退出管理小组的直接原因，很可能是疲于应付项目管理与协调过程中发生的（包括自然体验者和接待家庭向导之间、接待家庭成员和乡政府领导之间，以及各个接待家庭之间的）矛盾和冲突（图8.7）。除此之外，在参与项目协调的过程中，社区管理员将困难向村社干部和提供技术支持的第三方机构反映后，却得不到有效的处理或解决，许多提议最后不了了之，可能也是造成他们对工作产生倦怠和失望的原因所在。

(a)　　　　　　　　　　　　　　　　(b)

图8.7　社区管理员处理项目开展过程中发生的种种矛盾。（a）一名管理员跟随向导到达机场，协调自然体验者因对接待家庭安排不满而产生的矛盾；（b）三名管理员同时前往一户接待家庭，核实被自然体验者投诉的事件的原委，同时倾听接待家庭成员的申诉和抱怨

4. 青年向导的身份认同

　　在自然体验项目启动之初，前来参加社区会议和向导培训的接待家庭代表几乎全部是家中的年长男性，年龄最大的是65岁，其余向导

年龄也多半在40～60岁之间。此后两年中，开始有越来越多的年轻面孔出现，接待家庭中的青年男性逐渐取代了他们的父辈，担当起自然体验项目向导的职责。在代际交替过程中，接待家庭与自然体验者之间的互动方式也在发生变化。而这一变化首先迎来的挑战是青年向导遭到自然体验者投诉的比例远高于年长向导。

这一现象背后的原因耐人寻味。一方面，与他们的父辈相比，青年人在与人沟通和处理矛盾的方式上似乎显得不够圆滑，曾有多名青年向导因出言不逊而被自然体验者投诉；另一方面，随着社交媒体的流行，年轻一代持有的文化与生活观念远比父辈更加世俗多样，自然体验向导的工作内容难以满足他们日益增长的兴趣，这也使得他们在接待客人时不再有父辈的谦逊和耐心。在访谈中，有许多四五十岁的接待家庭男性成员表示，带领自然体验者观赏野生动物能够让他们体验到自我价值，如果条件允许，自己希望能够一直担任向导。但在30岁以下的青年向导中，却很少有人将带自然体验者寻找动物作为自己的职业志向，他们在担任向导的过程中所遭受的压力和挫折也明显高于父辈。

但青年向导们在参与项目的过程中却对另一项事物——野生动物摄影展现出了极高的热情。在2019年底的一次社区会议上，我们曾就自然体验项目社区培训内容向接待家庭向导们征集建议。除了汉语和英语培训之外，学习摄影是呼声最高的需求，尽管与语言能力比起来，摄影并非接待自然体验者的必要技能。2020年7月，一家致力于自然保护的民间摄影机构在昂赛乡开办过一次针对当地居民的摄影培训课程，共有九名来自接待家庭的成员报名参加，其中包括一名女性成员。2020年12月，三名接待家庭向导与乡里的其他青年人共同组织了摄影社团，并在社交平台上注册账号，相互分享和交流摄影作品。

青年向导和自然体验者不断发生的小摩擦，以及他们与父辈大异其趣的兴趣爱好，体现了当地居民日益变化的精神文化需求，他们需要的不仅是给外来自然体验者提供服务、赚取收益的工作岗位，而且是与这些自然体验者平等的教育和发展机会。与此同时，青年向导对于摄影所展现的热情，也反映出自然体验项目接待中客体与主体微妙的交互关系及其转变过程。与带着羞涩而友善的笑容出现在镜头中的父母一辈人不同，青年向导将个人身份认同建立在观察者的一方，更希望从镜头前走到镜头后，成为观察风景的一双眼睛。这其中不仅包含了他们对个人发展前景的想象，也是他们在消费主义盛行的今日世界中，对席卷一切的商品化浪潮做出的巧妙回应。

5. 女性参与的困境

生活于有着明确劳动性别分工的传统牧业社区中，昂赛居民在进行自然体验项目接待时也体现出了相似的性别分工特征。尽管项目并未设立社区参与的性别门槛，但居民在实际参与过程中无疑受到了传统社会观念与劳动分工的影响。男性成员在担任向导时通常会得到来自家庭与社会的鼓励，而女性成员则不得不承受道德观念约束和男性转移的劳动成本所带来的双重压力。截至目前，除了前面提到过的女性接待家庭成员QZ之外，其他自然体验项目接待家庭的向导全部由男性担任，而女性成员则主要负责照料自然体验者的饮食起居，同时承担接待期间的其他生产劳动和家务琐事。相较于男性，参与自然体验项目对于女性成员家庭和社会地位的提升十分有限。

此外，在接待自然体验者期间，由于男性家庭成员一天中的大部分时间都陪同自然体验者在外游览，出现了家庭责任和劳动成本向女性转移的现象①。一些妇女在丈夫担当向导时不得不花费成倍时间独自赶牛、拴牛。许多女性接待家庭成员表示，有自然体验者住在家里时，需要做的家务更多了。有的家庭在接待客人期间因为人手不够，只得将出嫁的女儿叫回家里帮忙。在丈夫外出带客人的时候，如遇急事需要前往县城或乡里有信号的地带，不会开车的妇女只能通过对讲机在邻里间询问，以期获得一个搭便车的机会。

6. 社区对外部资金和技术的依赖

与许多其他保护地社区的情况相似，昂赛社区在参与自然体验项目时也面临着能力不足或经验有限的困境，难以凭借自身力量解决项目开展过程中可能出现的种种问题，因此，可能需依赖外部长期甚至无限期的支持。现阶段，自然体验项目的大部分成本，包括为接待家

---

① 在当地牧区，男性有时会和女性家庭成员一起分担日常生产劳作，但售卖虫草、接待访客等对外事务一般只由男性承担，女性成员不参与。许多接待家庭向导会带着汉语流利的儿子一起陪同自然体验者游览，接待期间的生产劳作和其他家务劳动则由妻子、女儿和儿媳分摊。

庭修建房屋、进行道路维护、产品设计与制作、开展社区培训、网站运营和维护等方面的技术与资金均由政府部门和参与项目的第三方机构来提供，而收益则100％归入社区。尽管对政府部门和保护机构而言，在项目能够产生重大的生态与社会效益的前提之下，这样的投入是必要且值得的，但如果以社区自主运营的长远目标来衡量，项目很可能不具有经济可持续性。

　　7. 被忽视的社区收益漏损和接待家庭参与成本

　　还有一个容易被忽视的问题，是社区在整个生态旅游产业链中所面临的收益漏损。一些自然体验者为提高游览质量，选择从玉树市市区或西宁市租赁车辆，自驾进入园区。尽管自然体验项目的交通和向导费是固定开销，不因自然体验者自驾而减少费用，但这些自然体验者可能会为了平衡车辆租赁的开支而缩减游览天数，造成间接的社区收益漏损。此外，在接待期间，许多向导还会应自然体验者的要求，带领他们频繁往返杂多县县城和玉树市区就餐、洗浴或购物。甚至有自然体验者因为难以适应牧区的居住条件，选择在县城宾馆住宿，每天再由向导开车数小时，接送他们往返昂赛乡看野生动物。如此一来，自然体验者在游览过程中发生的大部分开销都流向了城镇的餐饮和零售市场。

　　接待家庭承担的隐性成本也是影响社区参与者积极性的重要因素。尽管项目带给社区的整体收益较为可观，但对接待家庭而言，在减去参与项目花费的成本之后，最终到手的收入要远低于外界预期。多数接待家庭会将一部分接待收入用于修缮房屋，更换门窗、太阳能电池，以及购买新的床单、被褥和餐具。尽管这些消费对于提高生活质量有帮助，但家庭成员表示，如果没有参与自然体验项目，没必要修缮或更换这些物品。此外，有些接待家庭因为担心客人不习惯当地饮食，除了准备米面、肉类、蔬菜和药品等必要生活物资之外，还会从城镇批量购买平时鲜少储备的酒水饮料和零食，甚至在接待期间自费带自然体验者前往县城里的餐馆就餐，这些开销无形中增加了参与项目的经济成本，进一步稀释了接待家庭所获得的收益。

　　而前文中提到的"隐形"旅游中介的存在，也极大地阻塞了社区从整个生态旅游产业链中获得经济利益的前景，收割了不断增长的旅游市场所带来的丰厚回报。

8.3　对于在三江源国家公园内开展生态旅游特许经营项目的建议

基于昂赛自然体验项目试点经验和运营过程中遇到的挑战与问题，我们对生态旅游特许经营项目的开展提出以下建议，以期为三江源国家公园完善特许经营管理制度与办法及其他生态旅游项目的具体实施过程提供参考。

8.3.1　明确生态旅游特许经营项目准入机制与开展方式

1. 生态旅游项目的准入：设立针对特许经营者的准入标准，确保项目收益反馈于保护目标

对于在核心保护区或生态脆弱地区开展的生态旅游项目，应当根据环境承载力，设定单位时间段内的接待人数上限。此外还应明确各个经营项目的服务内容并制定统一的收费标准，对于由多个主体共同参与的特许经营项目，应采取合理的收益分配机制，并建立有效的社区反馈途径。

对由社区居民私人创办和运营的旅游接待项目，可以在管理办法中增设个体开展旅游接待项目的准入标准。同时，当地政府应当加大监管力度，避免个体经营者之间形成恶性竞争并对当地的生态环境造成负面影响。对目前已经投入运营的由个体开展的旅游接待项目，若经营管理良好，并且能够承担国家公园内部生态体验功能，可以考虑在征求村集体意见后，通过正规的注册和审批流程使其合法化，以纳入国家公园特许经营体系，进行规范化管理。

与此同时，为进一步确保特许经营项目的开展符合生态保护原则，对于包括个体在内的特许经营者，可以考虑将项目收益按照既定比例以

"特许经营费"的形式反馈至国家公园管理局,由管理局设立专项生态保护基金,以使特许经营项目的部分收益直接服务于保护目标。

2.生态旅游项目的开展:对项目地环境与社区影响进行前期评估

由于三江源地区面积广阔,各牧业社区的社会文化特征复杂多样,在三江源国家公园内的不同区域开展特许经营项目,很难采用集中管理、统一经营的单一模式,而应与当地社区的经济发展状况、社会文化特征和传统治理结构相结合,采取因地制宜的发展方式。

在开展生态旅游特许经营项目前,首先应从环境与社区两个层面对项目地开展充分调研,进行项目可持续性评估。只有充分了解当地生态环境与项目地社区特点,才能确保后续开展的生态旅游特许经营项目服务于生态保护与社会发展目标。在项目的规划与设计阶段,除了考虑项目地本身的地理气候特征、野生动植物资源以及交通条件外,还应综合考虑项目地所在社区的经济发展水平与社会文化基础。生态旅游特许经营项目给社区带来的收益存在周期性变化,并且在项目启动的一两年内可能处于较低水平,对经济收入较高的社区缺乏吸引力,而经济水平过低的社区则难以承担前期的参与成本。对于以畜牧业为主要生计来源的社区,不宜将生态旅游作为传统牧业的替代生计,而应通过项目的开展增加社区居民生计多样性。此外,在项目试运营阶段,可优先选择具有一定经济基础的家庭参与,随后逐步扩大试点范围,以确保特许经营项目及社区参与者具有应对自然灾害或公共突发事件的弹性。

8.3.2　对生态旅游特许经营项目采取持续有效的监督与管理措施

1.建立便捷、规范的访客准入体系

对于以拍摄采访或科学考察为目的的访客,管理部门可以考虑专为从事摄影、媒体和科研的个人来访者建立便捷而有效的申请渠道。具体措施包括但不限于:为国家公园官方网站增添不同语言的版本,或在国内外主要社交媒体平台上建立宣传账号,添加能够直接填写入园申请的网页链接。同时设立专员负责对接和沟通，针对来访者提交的拍摄、采访或研究计划进行审核并提出合理建议，从而避免职业摄影师、媒体工作者和科研人员为节省沟通成本，以隐瞒身份参加生态旅游项目的方式私自进入园区的行为。

这一举措也能确保来访者树立起对生态环境的保护意识和对社区居民的尊重态度，在掌握了当地基本信息的情况下，再进入园区进行拍摄和调研，可以在一定程度上避免错误信息的产生与传播，有助于公众宣传和科学研究工作在项目所在地更加客观、有效地开展。

对于以访客身份报名参加生态旅游项目并从中获取利益的旅游中介，可以考虑与之开展正规合作。通过签署协议、缴纳保证金等方式，对中介机构和个人的行为进行约束，以避免其为了单方面提高服务质量而对生态环境产生负面影响。与此同时，通过合作协议的签署，管理部门可以监督中介以公开透明的标准向生态旅游者收取服务费，并要求其按照既定比例将部分收益返回村集体，或回馈保护项目。

2. 进行访客监督、管理和培训

建立合理、有效的访客管理制度是生态旅游项目可持续运行的基础保障。管理制度的设计很难直接效仿既有案例，需要根据试点项目所在地的具体情况进行因地制宜的调整，并且在项目运作过程中，结合社区居民和访客的反馈意见，不断进行更新。除了内容的制定，访客管理制度的执行过程同样需要确保有效的监督。由于当地社区是项目的主要利益相关方，仅由社区参与者对访客在园区内的活动进行监督，非但难以达到预期效果，反而可能引发其他问题，例如，在昂赛自然体验项目中，有接待家庭私下收取好处费，协助自然体验者隐瞒违规行为，继而引发了社区内部的矛盾。长此以往，可能会破坏项目运作的社区基础。

因此，可以邀请与项目收入无直接利益关系的第三方参与访客管理制度的设计与执行。在自然体验者到访前，根据团队成员提交的报名信息及来访目的，预先评估其野外活动对生态环境造成影响的风险，进行具有针对性的监督与管理。对于有特殊拍摄需求的团队，则需对携带入园的设备与拍摄计划进行详细报备，与接待家庭向导共同商讨制定每日行程，以降低对环境的影响。与此同时，可以考虑从未参与项目的社区居民中选拔并培训社区监督员，与接待家庭向导共同对访客在园区内的游览活动实施引导和监督。

此外，对访客进行适当的期望管理也非常重要。如果有对寻找和拍摄某一物种抱有不合理期望的体验者来访，即便没有直接对当地生态环境造成破坏，也可能传递出带有强烈价值观导向的信息，间接影响到当地居民对野生动物保护的态度。项目运营方在对生态旅游项目进行宣传时，应尽量避免仅以某一个物种（尤其是珍稀动物）作为吸引公众的亮点，可以考虑以生境特征和物种关系为出发点，对当地生态系统进行整体介绍。在访客报名后，可以通过邀请访客参加在线培训、安排观看环境教育纪录片、发放电子版生态知识宣传资料等方式提前告知其注意事项。如有条件，可以在访客入园后组织线下集中培训。

3. 在保护目标与激励措施之间建立联系

对参与生态旅游项目的社区居民而言，若能将项目带来的显著经济利益与保护目标联系起来，将有助于提高生态旅游项目的保护效益。在昂赛自然体验项目运营过程中，访客的态度与行为，尤其是为了拍摄明星物种不惜花费重金的举动，为野生动物赋予了全新的经济价值。一方面，这为当地居民看待身居其中的生态环境提供了前所未有的新视角，但另一方面，在高额的经济激励下，当地居民有可能改变从前遵循的观念，其行为开始在不利于动物保护的边缘试探。

为减少经济激励带来的负面影响，可以在生态旅游项目开展之初，就确定具体保护目标并制定出相应的评估标准，在项目运营过程中定期开展环境监测与评估。对直接参与项目的社区居民，可以建立与物种保护成效直接挂钩的奖励机制；对于未直接参与项目的居民，也应当注重为其提供项目带来的非经济福利，例如，开展与生态环境保护相关的知识与技能培训，或设立面向全体社区的教育资助基金，鼓励居民拓展自身能力储备，助力社区自觉发起和参与保护项目。

对于参与生态旅游的外来访客，也可以采取相应的激励措施，在生态旅游活动与保护项目之间建立关联。例如，鼓励访客以"公民科学家"的身份参与物种调查，在寻访和观察野生动物的过程中记录观测点位，并将数据反馈给科研工作者，换取小礼物；或是增设社区居民与访客的互动环节，由接待家庭引导访客阅读生态保护宣传手册、参与野生动植物知识竞答，并在园区内践行对环境"零影响"的保护义务，完成知识竞答、履行保护义务的访客可以凭接待家庭的认证签章，在线申领纪念品等。这些举措在激发访客责任感和生态保护意识的同时，也促使他们以切实的行动对科研和保护工作做出贡献。

8.3.3　采取良好的社区参与模式

1. 建立公平、灵活的收益分配机制和合理、有效的社区议事规则

在项目开展初期，先行选择经济实力较好的家庭参与试点工作，有助于特许经营项目的稳步运营。但在这一过程中，项目为参与者带来的经济收益也会加大当地居民的贫富差距，使得原本存在的社会等级差异变得更为显著，进而打破社区原有的平衡。为减少收益差距引发的负面效应，可以在项目开展之初确立"集体受益"原则——通过建立用于公共事务的社区基金，或将合作社股份分配给全体居民等方式，将一定比例的项目收益"公有化"，实现"部分居民参与、全体居民受益"的目标。收益分配比例可以通过组织村民代表大会等方式进行讨论，充分听取项目直接参与者和非直接参与者两方的意见，最终采取能够被大多数居民认可的方案。此外，初步建立的收益分配机制还应保持一定的灵活度，在项目开展过程中根据实际情况进行调整。

与此同时，在就公共基金的使用等问题征求居民意见时，可以通过入户访谈先行收集社区居民的意见，再召开小规模社区会议，邀请包括项目参与者与非参与者代表在内的合作社成员共同参加，对居民提出的各项方案进行公开讨论，通过投票的方式进行表决，最后将议事结果上报给政府部门审核。如未获通过，可以再反馈至社区进行复议。这种方式既确保了公共议事过程的有效性，同时也保留了政府部门的决策权，又能兼顾社区少数群体的意见。对于涉及社区公共基金使用的问题，无论最终采用何种方案，乡政府和村委会都应对款项的具体用途和开销进

行定期、主动公示，避免在社区内部产生误会与矛盾。

2. 采取以社区为主导的管理方式，鼓励当地青年参与项目管理

在不具备有效公共议事规则的情况下，采取由当地政府或外来机构主导的决策机制可以在很大程度上降低社区生态旅游项目的管理运营成本，然而，由于对社区原有的权力结构和人际互动方式缺乏了解，政府工作人员或外来人员商讨制定的规则往往会在社区内部引发争议。为了避免这一情况，昂赛自然体验项目采取了以社区为主导的管理方式。社区管理小组的成立充分发挥了当地精英的作用，调动起社区成员自主推动项目发展的积极性。已有诸多案例可以说明，合作社成员投票推选的管理小组能够更全面地考虑多方立场，并兼顾到社区内大多数非直接参与者的利益，由他们倡导的提议通常能够得到村民的积极响应，有效提高项目参与者之间的沟通效率与其他社区成员的满意度。但对于社区管理员而言，这一举措却将社区内的群体矛盾转移给了个体——解决纠纷的过程可能会牵涉他们的私人社会关系，通常以损耗个人的社会资本为代价，才能坚守公平原则。

为了解决这一问题，在项目开展初期，社区管理员职务建议采取义务劳动的形式，管理员根据劳动成本从项目收益的公共份额中领取补贴和奖励，而非直接受雇于政府管理部门或外来旅游公司，以避免社区居民将其视为外部机构的本地代表，产生对立态度。此外，可以适当鼓励具备良好沟通技能的青年居民担任社区管理员职务，一方面可以满足青年人的能力与兴趣，另一方面，年轻一代尚未形成父辈成员彼此之间紧密而完整的本地社会关系网络，其管理和协调工作对社会资本的损耗较小，可能反而有助于他们拓展社交圈。与此同时，也应当考虑到管理员岗位的义务服务性质可能难以激发社区年轻人的积极性，因此除去工作补贴之外，还可以为管理员提供健康与养老保险等福利，以此来鼓励更多适宜担当这一职务的社区居民参与。

在生态旅游特许经营项目的运营过程中，以社区主导的管理模式也可能显现出一些弊端，即难以适应市场化趋势，满足来访者的需求，实现项目的长远发展。因此，在不损害社区公平的前提下，可以通过引入市场规则，建立有效的激励机制，将社区参与者之间的内部

博弈转变为可持续的良性竞争。

　　3. 发挥市场作用，适当引入竞争机制

　　不同于参与生态旅游项目的政府部门和外部机构对项目带来的环境与社会效益的整体考量，社区居民通常更为注重机会的平等分配与项目参与者间的利益均衡。在昂赛自然体验项目运营前期，为保证每户接待家庭拥有同等的接待机会，合作社坚持采取接待家庭按抽签顺序进行轮换的方式，自然体验者没有自由选择向导的权利，这一举措直接导致了自然体验者对于项目满意度的降低。为解决这一问题，合作社与管理小组成员经会议协商决定，在保留原有接待家庭抽签轮换制的同时，增设"第二向导"制度，即自然体验者仍需按照轮换顺序入住安排的接待家庭，但可以根据需求再聘用第二位（通常是经他人推荐的）向导，协助其寻找野生动物。依据这一制度，接待家庭仍拥有同等的接待机会，而能力较强的牧民向导则增加了一份获取额外收入的机会。"第二向导"制度实施后，自然体验者的满意度显著提高，而部分项目参与者也因此得到了激励，对向导工作投入了更多的精力。在该制度实施的一年间，接待家庭当中涌现出数名深受自然体验者赞誉的"模范向导"。

　　将社区参与者获得的经济收益、社会地位与其在项目中承担的工作职责适度挂钩，是提升生态旅游项目社区参与度和推进社区能力建设的有效办法。在项目开展过程中，可以将外来访客、社区成员和其他项目参与方的反馈纳入接待家庭考核机制。在确保每名参与者享有均等机会的情况下，考核分数较高者获得额外奖励。奖励内容也不仅局限在经济方面，还可以是教育机会或其他社会激励措施，例如，组织优秀向导去其他项目地交流学习，或为接待家庭成员提供赴外省市参加语言或摄影技能培训的助学金等。2020年12月，昂赛乡举行了"自然体验优秀向导评选"，获奖者被授予荣誉证书和保温杯作为纪念，多名向导带着家人共同出席了会议。从获奖者的孩子在社交媒体上表达为父亲获得"优秀向导"称号而感到骄傲可以看出，即便是微小的奖励措施，也可以取得良好的激励效果。

　　在引入市场竞争机制的过程中需要特别注意的是，社区考核制度的设计应当以社区能力提升为最终目的，并充分征求项目参与者的意见，不应当将其作为为了提高产品质量、迎合市场需求而采取的强制措施。

4. 建立健全参与者退出机制

缺乏退出机制也给昂赛自然体验项目的社区参与带来了困难与挑战。自然体验项目开展初期所采取的"接待家庭末位淘汰制度"，其本质是竞争机制，而非退出机制。在社区参与过程中出现的诸多问题已经表明，过分强调竞争与淘汰，会在无形中限制参与者的选择，并剥夺其他社区成员参与项目的机会。

退出机制是在竞争的语境下保留参与者自由选择退出的权利。而参与者能够自由退出的前提，是在放弃接待家庭身份后还拥有其他选择，能够获得其他身份，使其在退出后仍能保有与参与项目时同等的社会地位。因此，建立退出机制的一个关键问题是如何引导社区对待退出后的成员。在项目实际开展过程中，可以考虑为主动退出者授予与项目相关的荣誉称号，例如，自然体验社区宣传员、接待家庭顾问、自然导赏辅导员等，或在接待家庭年度会议和优秀向导评选仪式上，请退出者作为颁奖嘉宾出席，以避免项目参与者和其他社区居民把"退出"和身份地位的降低画等号。

建立退出机制的另一个关键问题是在接待家庭选择退出时如何进行资源的转移。在昂赛自然体验项目中，政府为N村接待家庭配置的固定房屋就面临着这一难题，尽管乡政府领导已在社区会议中向居民说明了房屋的公共资产属性，但若要进行房屋使用权的变更，显然存在着极大难度。在房屋配置到位之后，曾有S村和R村的接待家庭成员对此表达不满，认为N村的接待家庭因此得到了房屋使用和项目参与的双重保障："房子建在谁家院子旁，就相当于谁家自己的房子了，无论今后表现如何，永远都不会被项目淘汰。"

尽管项目的固定资产在参与者更替时面临着转移难题，但可以对移动性资产进行更为合理的配置。同样以昂赛自然体验项目为例，可以考虑将最初配发给试点家庭的集装箱房屋作为合作社流动资产，放置在受欢迎度较高的野生动物观测点附近，由周边接待家庭轮流维护、共同享有使用权。在居住地离野生动物观测点较远的家庭接待客人时，向导可将公共集装箱作为临时休憩和住宿点，以节省带领自然体验者从家中往返观测地的高昂油耗与时间成本。

对于其他正处在规划和设计阶段的生态旅游特许经营项目，在进行资源配置前就需要充分考虑这一问题，尽量将资源的使用权和所有权分离。配发可移动资产（如车辆、电子设备、望远镜等）时，保留其共享属性；配置固定资产时，需要进行周全的考虑，尽量确保项目参与者拥有同等的使用机会。

5. 在特许经营框架内发展当地手工业和零售业，拓展社区女性的参与渠道

在生态旅游项目中，社区女性成员的参与程度通常受到当地社会原有的文化制度、社会规范和性别分工等因素的制约。项目的开展可以在一定程度上对参与者及其家庭成员的性别观念和劳动分工产生影响，但对社区女性群体社会地位的提升可能十分有限。鼓励当地妇女进行畜产品的制作与销售，可以作为提高生态旅游特许经营项目女性参与度、保障当地妇女权益的尝试之一。

手工制作是藏族牧区女性擅长的领域之一，牧户家中的许多生产工具与生活用品（如赶牛绳、毛毡、帐篷、靴子等）都是女性成员使用牦牛毛或羊毛手工编织的。以此为基础发展当地手工业和零售业，产品类型可以涵盖围巾、手套、帽子、拖鞋等服饰家居用品，也可拓展到与国家公园或自然保护项目相关的手工艺品和文创产品。除此之外，包括奶制品和风干牛肉在内的当地特色饮食也吸引着诸多来访者品尝和购买，拥有广阔的市场潜力。

手工业的发展在减少社区收益漏损、增加社区居民生计多样性的同时，也能够填补牧区生产结构中第二产业的空缺，并为当地女性创造更多发展机会，以提升她们对社区和家庭的经济贡献，从而改善妇女的社会地位。但在此过程中，当地居民对外部市场没有充分了解、尚未建立起广泛合作模式的情况下，有能力的个体经营者有可能会控制手工产品的销售渠道，以低廉价格从生产者手中购买原材料，以微薄的薪水雇用当地妇女进行手工作业，再高价对外销售，从而加剧资

源控制和分配不均的现象。因此，为手工业发展提供技术支持的外来机构，应当注重从原材料收集、加工、制作到对外销售等各个环节帮助社区建立完整的产业链，而不仅仅是培训妇女制作工艺品，防止出现外来商户或本地精英对资源的不平等占有。

第九章

回顾与展望

9.1 内容回顾

自1987年联合国发布《布伦特兰报告：我们共同的未来》以来，贫困与生态环境问题之间的紧密关联得到了全球范围的广泛关注。如何在开展保护的同时确保当地居民的福祉，成为世界各国国家公园和保护地建设的重要议题。生态旅游作为生物多样性保护的流行工具，在为社会公众提供重要而独特的生态系统服务的同时，也能够为自然保护与当地社区经济发展创造资源。在国家公园内开展基于社区的生态旅游，并建立规范、完备的特许经营机制，是让当地居民从生态保护中受益的重要可能和方向。

为了更好地发挥国家公园全民共享的价值、实现生态服务功能，同时保障当地居民的生存与发展，三江源国家公园自2019年开始，在位于青海省玉树藏族自治州杂多县核心保护区范围内的雪豹重要栖息地昂赛乡率先开展了基于社区的生态旅游特许经营试点探索。

我们的研究考察了国家公园首批生态旅游特许经营试点之一——昂赛自然体验项目对当地居民经济收入与生活水平、搬迁决策、社会关系网络、家庭角色与性别观念、自然资源利用和保护态度方面产生的影响。结果表明：昂赛自然体验项目的开展改善了接待家庭的经济状况与生活条件，对提升社区居民整体收入水平作用有限。与此同时，项目所采用的社区收益分配方式在提高接待家庭公共事务参与意愿和提升公共话语权方面起到了一定的社会激励作用。参与自然体验项目给接待家庭的未来发展与搬迁决策提供了更多选择，并为家庭中的青年女性成员扩展社会关系、获得经济独立创造了机会。但随着当地居民与外来自然体验者接触的增加，也给当地原有的家庭结构与社会规则带来了新的挑战。在自然资源利用和保护态度方面，自然体验项目改变了接待家庭所在的放牧小组对于草场的使用方式，并通过劳动力的转移，促使一部分接待家庭进行了有计划的减畜。受自然体验者偏好的影响，接待家庭成员对当地野生动物的喜爱程度有所提升，但项目的开展对居民保护行为的影响仍不明确。

此外，我们基于昂赛自然体验项目试点的实践经验，探讨了三江源国家公园生态旅游特许经营项目授权和监管、访客准入与管理以及社区参与过程中面临的问题，并从以上三个方面出发，对在国家公园开展生态旅游特许经营提出了相应建议。

9.2　影响社区生态旅游项目可持续性的其他因素

本书涉及内容有限，对影响国家公园内生态旅游特许经营项目可持续发展的诸多关键因素未能进行深入探讨。如能从更大的区域尺度出发，评估生态旅游特许经营项目的经济与生态效益，将对项目的可持续性及其给当地社区带来的影响提供更为深入的观察视角。此外，围绕在项目试点范围内能够观察到的既有案例，社区内部不同群体间的利益关系以及社区决策、外部政策和市场环境之间的互动过程，也值得在后续研究中展开进一步分析。

1. 生态旅游特许经营项目的经济与环境效益

经济与环境效益是衡量社区生态旅游项目是否具有可持续性的两个重要指标。从经济效益的角度衡量，一方面，生态旅游对保护成果和当地经济发展的贡献受到地域范围、参与人数、收益等因素的限制；另一方面，在减少保护目标本身对外部资金的需求上，生态旅游起到的作用可能也受到多种因素的制约。除此之外，尽管一部分社区生态旅游项目可以为少数参与者带来短期收益，但从长远来看，项目收益可能无法覆盖其成本，从而使项目不可持续。相较于评估社区生态旅游对居民家庭收入的贡献，衡量项目对区域经济产生的整体影响，还需结合周边市镇住宿和餐饮业的经营情况进行考察，以探讨其给地区经济带来的乘数效应以及社区在参与项目的过程中所面临的收益漏损。

从环境效益的角度衡量，昂赛自然体验项目开展时间较短，本研究中与此有关的探讨仍然停留在项目对当地居民保护态度的影响上，还未能通过定量研究方法确定项目的长期开展对社区生态保护成效所起的作用。目前，山水自然保护中心在昂赛境内布设的红外相机已覆盖全乡范围，监测数据可用于特定物种的评估，这将有助于进一步了解自然体验项目的开展对野生动物产生的影响。未来对于其他生态旅游特许经营项目的环境效益评估，可利用卫星遥感和土地样方数据，并结合红外相机和GPS颈圈等监测工具，对保护目标的种群数量和个体活动情况进行监测，由此制定出更为合理的生态旅游访客准入标准。

昂赛自然体验项目所在地有着良好的生态环境基础，并采取了社区自主运营和管理的模式，上述因素可以在增进项目的可持续性方面发挥积极作用。但除此之外，社区的参与范围和程度、访客监管措施的有效性以及能否建立起适应政策与市场变化的灵活健全的决策程序，也是影响着生态旅游能否对环境保护和社区发展做出积极贡献的重要因素。因此，想要真正了解生态旅游项目在实现生态与经济目标的过程中所扮演的复杂角色，需要对项目开展过程进行持续评估，广泛收集来自社区和其他利益相关者的信息，并鼓励来自不同专业领域的研究者提供更为广泛的视角。

2. 社区内部不同群体间的利益关系

在协助推动社区生态旅游项目并对其社区影响开展评估的过程中，我们往往习惯于将"社区"作为一个整体概念进行考量，忽略了社区是由独立个体组成的。在昂赛自然体验项目中，依据社区参与者的性别特征进行界定，可以发现男性与女性成员参与项目的深入程度以及在项目中承担的角色并不相同；以年龄为划分标准，又可以观察到青年和中年群体对项目发展的期望彼此迥异。而如果按照与项目利益的关联程度，还可以将社区居民分为直接参与者、非参与者、管理者以及在项目开展过程中间接获利或遭受损失的其他社区经营者。不同的群体甚至每一个个体，都秉持着各自不同的立场，彼此间可能存在着相互合作、敌对或竞争的关系。

为确保社区生态旅游项目的可持续发展，在项目开展过程中应当充分考虑到社区并非具有同质性的整体，社区成员之间有着复杂的关系。部分群体受益不代表社区受益，可能是资源分配不均的结果；同样，对某些个体赋权也不代表对社区赋权，反而有可能是以其他个体权利的剥夺为代价。因此，可以考虑根据受访者的年龄、性别、村社职务、婚姻与财产状况、受教育程度甚至个人生活经历进行细分，为不同群体制定出具有针对性的评估指标，并协助各群体探索与自身发展相适宜的项目参与方式。

社区内部不同群体间的利益关系不仅是一个值得探讨的研究课题，同时也是一种有效的观察视角，它能够让我们看到，在生态旅游特许经营试点所取得的良好经济和生态效益的背后，是否有谁在承担着无形的代价。

3. 社区决策、外部政策和市场环境之间的互动过程

对外部利益相关方给社区内各个群体施加的影响进行充分考量，也是研究当中必不可少的关键环节。在很多情况下，个体之间的博弈是受个体与群体的关系所左右的，社区成员之间的矛盾，很可能是外部各利益相关方之间的政治关系在社区内部的投射。在对昂赛自然体验项目开展调研的过程中，我们曾多次观察到接待家庭成员对同一件事展现出的彼此冲突的立场，以及由此引发的向导之间微妙的排斥与竞争。曾有牧民向导为了让与县政府签订过合作协议的职业摄影师团体看到雪豹，违反了项目的生态保护规定，而与保护机构保持良好关系的社区精英则率先站出来，提议对其进行批评并实施惩罚。接待家庭出现立场分歧的背后，体现的是地方政府、非政府组织和营利性外来公司三方的博弈。

无论是社区居民、当地政府还是外部机构，在项目参与过程中扮演的角色也在不断发生着变化。在社区调研期间，作为给项目提供技术支持的第三方机构，山水自然保护中心在某种程度上实现了从项目主要执行者到观察者的转变。随着与外部群体的不断接触，接待家庭成员逐步了解了政策调整方向以及市场变化规则，开始越来越多地参与自然体验项目的制度修改与设计。与此同时，社区居民对于项目试点的建设性反馈，也能够为政府部门完善特许经营制度提供参考。这些变化所体现的是社区决策、外部政策和市场环境之间的互动过程。而深入了解这一过程，正是评估社区生态旅游项目是否具有可持续性的关键所在。

9.3　研究展望

最后需要特别说明的是，我们所采用的研究方法本身也存在着诸多限制。无处不在的外部视角是其中最难跨越的一重限制。尽管调研过程中有精通汉语和藏语的翻译人员全程参与，我们对访谈文本的分析也尝试站在社区居民的立场，力图还原受访者本人的真实想法。但在实际调研中，调研者与受访者之间存在的表达习惯、文化观念等方面的差异，都给语义的确切识别带来了难以忽略的影响。在文本录入和编码过程中，对于一些模棱两可的词汇的阐释与选用，也不可避免地受到了外部视角的干扰。转译后的访谈文本所反映出的很可能不再是当地居民最初所要展现的意图，而是翻译者和调研者本人的价值观。

研究面临的另一重限制，则是社区调研过程短暂而不连贯的时间跨度。进行与国家公园和自然保护地相关的社区影响研究，通常需要十几年甚至数十年的持续观察。截至本书整理出版时，昂赛自然体验项目仅开展不足五年时间，而社区调研主要集中在2018—2020年间。与进行完整、深入的研究所需要的时间相比，跨度十分有限。而在社区调研告一段落后，当地居民的观念与行为仍在不断发生变化，出现了研究中未曾涉及，甚至与此前的观察结果相悖的个案。除此之外，在2020—2022年间，受疫情影响，昂赛自然体验项目对外开放的时间大幅缩减，项目发展近乎停滞。与疫情前相比，当地社区对于生态旅游的态度也发生了微妙的变化——既有对疫情结束后旅游业重回正轨的渴望与期待，又有面对外来群体时所展现的谨慎和迟疑，而这一变化将给生态旅游特许经营项目的开展和参与其中的社区居民带来怎样的挑战，仍然有待观察。

因此，本书的观点仅作为阶段性的观察结果，而不是具有普遍意义的确定结论，供后续研究者参考。书中的偏见与谬误，有待各位专家和读者批评指正。希望在关于国家公园生态旅游特许经营试点社区影响的后续研究中，能有来自项目所在地社区的成员作为研究者而非受访对象参与其中，与我们分享更多的观点与智慧。

参考文献及附录

参考文献

· ABEL T，2003. Understanding complex human ecosystems: The case of ecotourism on Bonaire[J]. Conservation ecology，7（3）：10.

· ALEXANDER S E，2000. Resident attitudes towards conservation and black howler monkeys in Belize: the community baboon sanctuary[J]. Environmental conservation，27（4）：341-350.

· ALMEYDA A M，BROADBENT E N，DURHAM W H，2010a. Social and environmental effects of ecotourism in the Osa Peninsula of Costa Rica: the Lapa Rios case[J]. Journal of ecotourism，9（1）：62-83.

· ALMEYDA A M，BROADBENT E N，WYMAN M S，et al，2010b. Ecotourism impacts in the Nicoya Peninsula，Costa Rica[J]. International journal of tourism research，12（6）：803-819.

· AMATI C，2013. "We all voted for it": experiences of participation in community-based ecotourism from the foothills of Mt Kilimanjaro[J]. Journal of eastern African studies，7（4）：650-670.

· ARDIANTIONO，JESSOP T S，PURWANDANA D，et al，2018. Effects of human activities on Komodo dragons in Komodo National Park[J]. Biodiversity and conservation，27（13）：3329-3347.

· ARGÜELLES M B，COSCARELLA M，FAZIO A，et al，2016. Impact of whale-watching on the short-term behavior of Southern right whales （*Eubalaena australis*）in Patagonia，Argentina[J]. Tourism management perspectives，18: 118-124.

· ASHLEY C，ROE D，2002. Making tourism work for the poor: strategies and challenges in southern Africa[J]. Development Southern Africa，19（1）：61-82.

· ASHOK S，TEWARI H R，BEHERA M D，et al，2017. Development of ecotourism sustainability assessment framework employing Delphi，C&I and participatory methods: A case study of KBR，West Sikkim，India[J]. Tourism management perspectives，21: 24-41.

· BARAL N，STERN M J，HAMMETT A L，2012. Developing a scale for evaluating ecotourism by visitors: a study in the Annapurna Conservation Area，Nepal[J]. Journal of sustainable tourism，20（7）：975-989.

· BEAUMONT N，2001. Ecotourism and the conservation ethic: recruiting the uninitiated or preaching to the converted?[J]. Journal of sustainable tourism，9（4）：317-341.

· BINNS T，NEL E，2002. Tourism as a local development strategy in South Africa[J]. Geographical journal，168（3）：235-247.

· BOLEY B B，GREEN G T，2016. Ecotourism and natural resource conservation: the 'potential' for a sustainable symbiotic relationship[J]. Journal of ecotourism，15（1）：36-50.

· BOOKBINDER M P，DINERSTEIN E，RIJAL A，et al，1998. Ecotourism's support of biodiversity conservation[J]. Conservation biology，12（6）：1399-1404.

· BRADLEY D，PAPASTAMATIOU Y P，CASELLE J E，2017. No persistent behavioural effects of SCUBA diving on reef sharks[J]. Marine ecology progress series，567：173-184.

· BROCKINGTON D，IGOE J，SCHMIDT-SOLTAU K，2006. Conservation，human rights，and poverty reduction[J]. Conservation biology，20（1）：250-252.

· BRUNDTLAND G H，1987. Our common future – call for action[R]. Environmental conservation，14（4）：291-294.

· BUCKLEY R，2009. Evaluating the net effects of ecotourism on the environment：a framework，first assessment and future research[J]. Journal of sustainable tourism，17（6）：643-672.

· BUTCHER J，2011. Can ecotourism contribute to tackling poverty? The importance of 'symbiosis'[J]. Current issues in tourism，14（3）：295-307.

· BUTCHER J，2006. The United Nations International Year of Ecotourism：a critical analysis of development implications[J]. Progress in development studies，6（2）：146-156.

· CARRIER J G，MACLEOD D V，2005. Bursting the Bubble：the socio-cultural context of ecotourism[J]. Journal of the royal anthropological institute，11（2）：315-334.

· CATER E，2006. Ecotourism as a western construct[J]. Journal of ecotourism，5（1/2）：23-39.

· CEBALLOS-LASCURAIN H，1996. Tourism，ecotourism，and protected areas：the state of nature-based tourism around the world and guidelines for its development[R]. Cambridge UK：IUCN.

· CHE D，2006. Developing ecotourism in first world，resource-dependent areas[J]. Geoforum，37（2）：212-226.

· CISNEROS-MONTEMAYOR A M，BECERRIL-GARCIA E E，BERDEJA-ZAVALA O，et al，2020. Shark ecotourism in Mexico：Scientific research，conservation，and contribution to a Blue Economy[J]. Advances in marine biology，85（1）：71-92.

· COBBINAH P B，AMENUVOR D，BLACK R，et al，2017. Ecotourism in the Kakum conservation area，Ghana：local politics，practice and outcome[J]. Journal of Outdoor Recreation and Tourism，20：34-44.

· COLE S，2006. Information and empowerment：the keys to achieving sustainable tourism[J]. Journal of sustainable tourism，14（6）：629-644.

· DAS D，HUSSAIN I，2016. Does ecotourism affect economic welfare? Evidence from Kaziranga national park，India[J]. Journal of ecotourism，15（3）：241-260.

· DE HAAS H C，2002. Sustainability of small-scale ecotourism：the case of Niue，South Pacific[J]. Current issues in tourism，5（3/4）：319-337.

· DEVINE J，OJEDA D，2017. Violence and dispossession in tourism development：a critical geographical approach[J]. Journal of sustainable tourism，25（5）：605-617.

· DEVINE J，2017. Colonizing space and commodifying place：tourism's violent geographies[J]. Journal of sustainable tourism，25（5）：634-650.

· EAGLES P F J，2002. Trends in park tourism：economics，finance and management[J]. Journal of sustainable tourism，10（2）：132-153.

· FENNELL D A，2008. Ecotourism and the myth of indigenous stewardship[J]. Journal of sustainable tourism，16（2）：129-149.

· FRENCH S S，NEUMAN-LEE L A，TERLETZKY P A，et al，2017. Too much of a good thing? Human disturbance linked to ecotourism has a "dose-dependent" impact on innate immunity and oxidative stress in marine iguanas，*Amblyrhynchus cristatus*[J]. Biological conservation，210：37-47.

· GARROD B，2003. Local Participation in the planning and management of ecotourism：a revised model approach[J]. Journal of ecotourism，2（1）：33-53.

· GEZON L L，2014. Who wins and who loses? Unpacking the "local people" concept in ecotourism：a longitudinal study of community equity in Ankarana，Madagascar[J]. Journal of sustainable tourism，22（5）：821-838.

· GOODWIN H，1996. In pursuit of ecotourism[J]. Biodiversity and conservation，5（3）：277-291.

· GUNTER U，CEDDIA M G，TRÖSTER B，2017. International ecotourism and economic development in Central America and the Caribbean[J]. Journal of sustainable tourism，25（1）：43-60.

· HAMMERSCHLAG N，GALLAGHER A J，WESTER J，et al，2012. Don't bite the hand that feeds：assessing ecological impacts of provisioning ecotourism on an apex marine predator[J]. Functional ecology，26（3）：567-576.

· HOWES L，SCARPACI C，PARSONS E C M，2012. Ineffectiveness of a marine sanctuary zone to protect burrunan dolphins（*Tursiops australis* sp.nov.）from commercial tourism in Port Phillip Bay，Australia[J]. Journal of ecotourism，11（3）：188-201.

· HSU PING-HSIANG, 2019. Economic impact of wetland ecotourism: an empirical study of Taiwan's Cigu Lagoon area[J]. Tourism management perspectives, 29: 31-40.

· HUNT, C A, DURHAM W H, DRISCOLL L, et al, 2015. Can ecotourism deliver real economic, social, and environmental benefits? A study of the Osa Peninsula, Costa Rica[J]. Journal of sustainable tourism, 23 (3) : 339-357.

· HUNTER C, 2002. Sustainable tourism and the touristic ecological footprint[J]. Environment, development and sustainability, 4 (1) : 7-20.

· JACKSON R, WANGCHUK R, 2001. Linking snow leopard conservation and people-wildlife conflict resolution: grassroots measures to protect the endangered snow leopard from herder retribution[J]. Endangered species UPDATE, 18 (4) : 138-141.

· JACOBSON S K, ROBLES R, 1992. Ecotourism, sustainable development, and conservation education: development of a tour guide training program in Tortuguero, Costa-Rica[J]. Environmental management, 16 (6) : 701-713.

· JAMALIAH M M, POWELL R B, 2018. Ecotourism resilience to climate change in Dana Biosphere Reserve, Jordan[J]. Journal of sustainable tourism, 26 (4) : 519-536.

· JAMALIAH M M, POWELL R B, 2019. Integrated vulnerability assessment of ecotourism to climate change in Dana Biosphere Reserve, Jordan[J]. Current issues in tourism, 22 (14) : 1705-1722.

· JONES S, 2005. Community-based ecotourism: the significance of social capital[J]. Annals of tourism research, 32 (2) : 303-324.

· KARAN P P, MATHER C, 1985. Tourism and environment in the mount everest region[J]. Geographical review, 75 (1) : 93-95.

· KING D A, STEWART W P, 1996. Ecotourism and commodification: protecting people and places[J]. Biodiversity and conservation, 5 (3) : 293-305.

· KIRKBY C A, GIUDICE-GRANADOS R, DAY B, et al, 2010. The market triumph of ecotourism: an economic investigation of the private and social benefits of competing land uses in the Peruvian Amazon[J]. PLoS One, 5 (9) : e13015.

· KISS A, 2004. Is community-based ecotourism a good use of biodiversity conservation funds?[J]. Trends in ecology and evolution, 19 (5) : 232-237.

· KNIGHT D W, COTTRELL S P, 2016. Evaluating tourism-linked empowerment in Cuzco, Peru[J]. Annals of tourism research, 56: 32-47.

· KRÜGER O, 2005. The role of ecotourism in conservation: panacea or Pandora's box?[J]. Biodiversity and conservation, 14 (3) : 579–600.

· LANGHOLZ J, 1999. Exploring the effects of alternative income opportunities on rainforest use: insights from Guatemala's Maya biosphere reserve[J]. Society & natural resources, 12 (2) : 139-149.

· LARM M, ELMHAGEN B, GRANQUIST S M, et al, 2018. The role of wildlife tourism in conservation of endangered species: Implications of safari tourism for conservation of the Arctic fox in Sweden[J]. Human dimensions of wildlife, 23 (3) : 257-272.

· LAVERACK G, THANGPHET S, 2007. Building community capacity for locally managed ecotourism in Northern Thailand[J]. Community development journal, 44 (2) : 172-185.

· LEATHERMAN T L, GOODMAN A, 2005. Coca-colonization of diets in the Yucatan[J]. Social science & medicine, 61 (4) : 833-846.

· LEE A T, MARSDEN S J, TATUM-HUME E, et al, 2017. The effects of tourist and boat traffic on parrot geophagy in lowland Peru[J]. Biotropica, 49 (5) : 716-725.

· LEE W H, MOSCARDO G, 2005. Understanding the impact of ecotourism resort experiences on tourists' environmental attitudes and behavioural intentions[J]. Journal of sustainable tourism, 13 (6) : 546-565.

· LENAO M, BASUPI B, 2016. Ecotourism development and female empowerment in Botswana: a review[J]. Tourism management perspectives, 18: 51-58.

· LI LI, FASSNACHT F E, STORCH I, et al, 2017. Land-use regime shift triggered the recent degradation of alpine pastures in Nyanpo Yutse of the eastern Qinghai-Tibetan Plateau[J]. Landscape ecology, 32 (11) : 2187-2203.

· LINDBERG K, ENRIQUEZ J, SPROULE K, 1996. Ecotourism questioned: case studies from Belize[J]. Annals of tourism research, 23 (3) : 543-562.

· LIU JINGYAN, QU HAILIN, HUANG DANYU, et al, 2014. The role of social capital in encouraging residents' pro-environmental behaviors in community-based ecotourism[J]. Tourism management, 41: 190-201.

· LIU WEI, VOGT C A, LUO JUNYAN, et al, 2012. Drivers and socioeconomic impacts of tourism participation in protected areas[J]. PLoS One, 7 (4) : e35420.

· LONN P, MIZOUE N, OTA T, et al, 2018. Evaluating the contribution of community-based ecotourism (CBET) to household income and livelihood changes: a case study of the Chambok CBET Program in Cambodia[J]. Ecological economics, 151: 62-69.

· LONN P, MIZOUE N, OTA T, et al, 2019. Using forest cover maps and local people's perceptions to evaluate the effectiveness of community-based ecotourism for forest conservation in Chambok (Cambodia) [J]. Environmental conservation, 46 (2) : 111-117.

· LOPERENA C A, 2017. Honduras is open for business: extractivist tourism as sustainable development in the wake of disaster?[J]. Journal of sustainable tourism, 25 (5) : 618-633.

· MA BEN, CAI ZHEN, ZHENG JIE, et al, 2019a. Conservation, ecotourism, poverty, and income inequality – a case study of nature reserves in Qinling, China[J]. World development, 115: 236-244.

· MA BEN, YIN RUNSHENG, ZHENG JIE, et al, 2019b. Estimating the social and ecological impact of community-based ecotourism in giant panda habitats[J]. Journal of environmental management, 250: 109506.

· MACDONALD C, GALLAGHER A J, BARNETT A, et al, 2017. Conservation potential of apex predator tourism[J]. Biological conservation, 215: 132-141.

· MANYARA G, JONES E, 2007. Community-based tourism enterprises development in Kenya: an exploration of their potential as avenues of poverty reduction[J]. Journal of sustainable tourism, 15 (6) : 628-644.

· MAYAKA M, CROY W G, COX J W, 2018. Participation as motif in community-based tourism: a practice perspective[J]. Journal of sustainable tourism, 26 (3) : 416-432.

· MAYER M, 2014. Can nature-based tourism benefits compensate for the costs of national parks? A study of the Bavarian Forest National Park, Germany[J]. Journal of sustainable tourism, 22 (4) : 561-583.

· MCGRANAHAN D A, 2011. Identifying ecological sustainability assessment factors for ecotourism and trophy hunting operations on private rangeland in Namibia[J]. Journal of sustainable tourism, 19 (1) : 115-131.

· MCKINNEY T, 2014. Species-specific responses to tourist interactions by white-faced capuchins (*Cebus imitator*) and mantled howlers (*Alouatta palliata*) in a Costa Rican wildlife refuge[J]. International journal of primatology, 35 (2) : 573-589.

· MEHTA J N, KELLERT S R, 1998. Local attitudes toward community-based conservation policy and programmes in Nepal: a case study in the Makalu-Barun conservation area[J]. Environmental conservation, 25 (4) : 320-333.

· MENDOZA-RAMOS A, PRIDEAUX B, 2018. Assessing ecotourism in an Indigenous community: using, testing and proving the wheel of empowerment framework as a measurement tool[J]. Journal of sustainable tourism, 26 (2) : 277-291.

· MGONJA J T, SIRIMA A, MKUMBO P J, 2015. A review of ecotourism in Tanzania: magnitude, challenges, and prospects for sustainability[J]. Journal of ecotourism, 14 (2/3) : 264-277.

· MISHRA C，ALLEN P，MCCARTHY T，et al，2003. The role of incentive programs in conserving the snow leopard[J]. Conservation biology，17（6）：1512-1520.

· MKONO M，2019. Neo-colonialism and greed：Africans' views on trophy hunting in social media[J]. Journal of sustainable tourism，27（5）：689-704.

· MOSAMMAM H M，SARRAFI M，NIA J T，et al，2016. Typology of the ecotourism development approach and an evaluation from the sustainability view：the case of Mazandaran Province，Iran[J]. Tourism management perspectives，18: 168-178.

· MOSSAZ A，BUCKLEY R C，CASTLEY J G，2015. Ecotourism contributions to conservation of African big cats[J]. Journal for nature conservation，28: 112-118.

· MURA P，2015. Perceptions of authenticity in a Malaysian homestay – a narrative analysis[J]. Tourism management，51: 225-233.

· MYERS N，1972. National parks in Savannah Africa：ecological requirements of parks must be balanced against socioeconomic constraints in their environs[J]. Science，178（4067）：1255-1263.

· NAULT S，STAPLETON P，2011. The community participation process in ecotourism development：a case study of the community of Sogoog，Bayan-Ulgii，Mongolia[J]. Journal of sustainable tourism，19（6）：695-712.

· NEVIN O T，GILBERT B K，2005. Measuring the cost of risk avoidance in brown bears：further evidence of positive impacts of ecotourism[J]. Biological conservation，123（4）：453-460.

· NILSSON D，BAXTER G，BUTLER J R，et al，2016. How do community-based conservation programs in developing countries change human behaviour? A realist synthesis[J]. Biological conservation，200: 93-103.

· NORIEGA J A，ZAPATA-PRISCO C，GARCÍA H，et al，2020. Does ecotourism impact biodiversity? An assessment using dung beetles （Coleoptera：Scarabaeinae） as bioindicators in a tropical dry forest natural park[J]. Ecological indicators，117: 106580.

· NOVELLI M，BARNES J I，HUMAVINDU M，2006. The other side of the ecotourism coin：consumptive tourism in southern Africa[J]. Journal of ecotourism，5（1/2）：62-79.

· NYAUPANE G P，THAPA B，2004. Evaluation of ecotourism：a comparative assessment in the Annapurna conservation area project，Nepal[J]. Journal of ecotourism，3（1）：20-45.

· OBUA J，1997. Environmental impact of ecotourism in Kibale national park，Uganda[J]. Journal of sustainable tourism，5（3）：213-223.

· OLDEKOP, J A, HOLMES G, HARRIS W E, et al, 2016. A global assessment of the social and conservation outcomes of protected areas[J]. Conservation biology, 30 (1) : 133-141.

· ORMSBY A, MANNLE K, 2006. Ecotourism benefits and the role of local guides at Masoala national park, Madagascar[J]. Journal of sustainable tourism, 14 (3) : 271-287.

· PALMER N J, CHUAMUANGPHAN N, 2018. Governance and local participation in ecotourism: community-level ecotourism stakeholders in Chiang Rai province, Thailand[J]. Journal of ecotourism, 17 (3) : 320-337.

· PEAKE S, INNES P, DYER P, 2009. Ecotourism and conservation: factors influencing effective conservation messages[J]. Journal of sustainable tourism, 17 (1) : 107-127.

· PEGAS F, COGHLAN A, STRONZA A, et al, 2013. For love or for money? Investigating the impact of an ecotourism programme on local residents' assigned values towards sea turtles[J]. Journal of ecotourism, 12 (2) : 90-106.

· REIMER J K, WALTER P, 2013. How do you know it when you see it? Community-based ecotourism in the Cardamom Mountains of southwestern Cambodia[J]. Tourism management, 34: 122-132.

· RUGENDYKE B, SON N T, 2005. Conservation costs: nature-based tourism as development at Cuc Phuong National Park, Vietnam[J]. Asia Pacific viewpoint, 46 (2) : 185-200.

· SAAYMAN M, SAAYMAN A, 2006. Estimating the economic contribution of visitor spending in the Kruger national park to the regional economy[J]. Journal of sustainable tourism, 14 (1) : 67-81.

· SAKATA H, PRIDEAUX B, 2013. An alternative approach to community-based ecotourism: a bottom-up locally initiated non-monetised project in Papua New Guinea[J]. Journal of sustainable tourism, 21 (6) : 880-899.

· SALAFSKY N, CAULEY H, BALACHANDER G, et al, 2001. A systematic test of an enterprise strategy for community-based biodiversity conservation[J]. Conservation biology, 15 (6) : 1585-1595.

· SANDBROOK C G, 2010. Local economic impact of different forms of nature-based tourism[J]. Conservation letters, 3 (1) : 21-28.

· SATTERFIELD L, 2009. Trailing the snow leopard: sustainable wildlife conservation in Ladakh (India) [R]. Vermont: School for international training.

· SAVAGE M, 1993. Ecological disturbance and nature tourism[J]. Geographical review, 83 (3) : 290-300.

· SCHEYVENS R，1999. Ecotourism and the empowerment of local communities[J]. Tourism management，20（2）：245-249.

· SCHEYVENS R，2000. Promoting women's empowerment through involvement in ecotourism：experiences from the third world[J]. Journal of sustainable tourism，8（3）：232-249.

· SHARPLEY R，2006. Ecotourism：a consumption perspective[J]. Journal of ecotourism，5（1/2）：7-22.

· SHEEHAN R L，PAPWORTH S，2019. Human speech reduces pygmy marmoset（*Cebuella pygmaea*）feeding and resting at a Peruvian tourist site，with louder volumes decreasing visibility[J]. American journal of primatology，81（4）：e22967.

· SHOO R A，SONGORWA A N，2013. Contribution of eco-tourism to nature conservation and improvement of livelihoods around Amani nature reserve，Tanzania[J]. Journal of ecotourism，12（2）：75-89.

· SNYMAN S，2014a. Assessment of the main factors impacting community members' attitudes towards tourism and protected areas in six southern African countries[J]. Koedoe，56（2）：1-12.

· SNYMAN S，2014b. The impact of ecotourism employment on rural household incomes and social welfare in six southern African countries[J]. Tourism and hospitality research，14（1/2）：37-52.

· SNYMAN S，2012. The role of tourism employment in poverty reduction and community perceptions of conservation and tourism in southern Africa[J]. Journal of sustainable tourism，20（3）：395-416.

· SOUTHGATE C R J，2006. Ecotourism in Kenya：the vulnerability of communities[J]. Journal of ecotourism，5（1/2）：80-96.

· SPENCELEY A，GOODWIN H，2007. Nature-based tourism and poverty alleviation：impacts of private sector and parastatal enterprises in and around Kruger national park，South Africa[J]. Current issues in tourism，10（2/3）：255-277.

· SPENCELEY A，2005. Nature-based tourism and environmental sustainability in South Africa[J]. Journal of sustainable tourism，13（2）：136-170.

· STEM C J，LASSOIE J P，LEE D R，et al，2003a. Community participation in ecotourism benefits：the link to conservation practices and perspectives[J]. Society & natural resources，16（5）：387-413.

· STEM C J，LASSOIE J P，LEE D R，et al，2003b. How 'eco' is ecotourism? A comparative case study of ecotourism in Costa Rica[J]. Journal of sustainable tourism，11（4）：322-

347.

· STONE L S, STONE T M, 2011. Community-based tourism enterprises: challenges and prospects for community participation; Khama Rhino Sanctuary Trust, Botswana[J]. Journal of sustainable tourism, 19 (1) : 97-114.

· STONE M T, 2015. Community-based ecotourism: a collaborative partnerships perspective[J]. Journal of ecotourism, 14 (2/3) : 166-184.

· STRONZA A, 2005. Hosts and hosts: the anthropology of community-based ecotourism in the Peruvian Amazon[J]. National association for practice of anthropology bulletin, 23: 170-190.

· STRONZA A, 2007. The economic promise of ecotourism for conservation[J]. Journal of ecotourism, 6 (3) : 210-230.

· SVORONOU E, HOLDEN A, 2005. Ecotourism as a tool for nature conservation: the role of WWF Greece in the Dadia-Lefkimi-Soufli forest reserve in Greece[J]. Journal of sustainable tourism, 13 (5) : 456-467.

· TIES (The International Ecotourism Society) , 2015. What is ecotourism? The definition[EB/OL].[2021-03-12]. https://ecotourism.org/what-is-ecotourism/.

· TRAN L, WALTER P, 2014. Ecotourism, gender and development in northern Vietnam[J]. Annals of tourism research, 44: 116-130.

· TSENG MING-LANG, LIN CHUNYI, REMEN LIN CHUN-WEI, et al, 2019. Ecotourism development in Thailand: community participation leads to the value of attractions using linguistic preferences[J]. Journal of cleaner production, 231: 1319-1329.

· VANNELLI K, HAMPTON M P, NAMGAIL T, et al, 2019. Community participation in ecotourism and its effect on local perceptions of snow leopard (*Panthera uncia*) conservation[J]. Human dimensions of wildlife, 24 (2) : 180-193.

· VAUGHAN D, 2000. Tourism and biodiversity: a convergence of interests?[J]. International affairs, 76 (2) : 283-297.

· VIVANCO L A, 2001. Spectacular quetzals, ecotourism, and environmental futures in Monte Verde, Costa Rica[J]. Ethnology, 40 (2) : 79-92.

· WALL G. Is ecotourism sustainable?[J]. Environmental management, 1997, 21 (4) : 483-491.

· WALLACE T, DIAMENTE D N, 2008. Keeping the people in the parks: a case study from Guatemala[J]. Tourism and applied anthropologists, 2008 (8) : 191-218.

· WALPOLE M J, GOODWIN H J, WARD K G, 2001a. Pricing policy for tourism in protected areas：lessons from Komodo national park，Indonesia[J]. Conservation biology，15 （1）：218-227.

· WALPOLE M J，GOODWIN H J，2001b. Local attitudes towards conservation and tourism around Komodo national park，Indonesia[J]. Environmental conservation，28（2）：160-166.

· WALPOLE M J，GOODWIN H J，2000. Local economic impacts of dragon tourism in Indonesia[J]. Annals of tourism research，27（3）：559-576.

· WALTER P G，REIMER J K，2012. The "Ecotourism Curriculum" and Visitor learning in community-based ecotourism：case studies from Thailand and Cambodia[J]. Asia Pacific journal of tourism research，17（5）：551-561.

· WALTER P，REGMI K D，KHANAL P R，2018. Host learning in community-based ecotourism in Nepal：The case of Sirubari and Ghalegaun homestays[J]. Tourism management perspectives，26：49-58.

· WALTER P，2009. Local knowledge and adult learning in environmental adult education：community - based ecotourism in southern Thailand[J]. International journal of lifelong education，28（4）：513-532.

· WANG WEIYE，LIU JINLONG，KOZAK R，et al，2018. How do conservation and the tourism industry affect local livelihoods? A comparative study of two nature reserves in China[J]. Sustainability，10（6）：1925.

· WANG WEIYE，LIU JINLONG，INNES J L，2019. Conservation equity for local communities in the process of tourism development in protected areas：a study of Jiuzhaigou biosphere reserve，China[J]. World development，124：104637.

· WARDLE C，BUCKLEY R，SHAKEELA A，et al，2018. Ecotourism's contributions to conservation：analysing patterns in published studies[J]. Journal of ecotourism，2018 （2）：1-31.

· WAYLEN K A，MCGOWAN P J，MILNER-GULLAND E J，2009. Ecotourism positively affects awareness and attitudes but not conservation behaviours：a case study at Grande Riviere，Trinidad[J]. Oryx，43（3）：343-351.

· WEARING S，MCDONALD M，SCHWEINSBERG S，et al，2020. Exploring tripartite praxis for the REDD＋forest climate change initiative through community-based ecotourism[J]. Journal of sustainable tourism，28（3）：377-393.

· WEAVER D B，LAWTON L J，2007. Twenty years on：the state of contemporary ecotourism research[J]. Tourism management，28（5）：1168-1179.

· WEST P，CARRIER J G，2004. Ecotourism and authenticity：getting away from it All?[J].

Current anthropology，45（4）：483-498.

WEST P，IGOE J，BROCKINGTON D，2006. Parks and peoples：the social impact of protected areas[J]. Annual review of anthropology，35（1）：251-277.

WONDIRAD A，TOLKACH D，KING B，2020. Stakeholder collaboration as a major factor for sustainable ecotourism development in developing countries[J]. Tourism management，78：104024.

WONDIRAD A，2019. Does ecotourism contribute to sustainable destination development，or is it just a marketing hoax? Analyzing twenty-five years contested journey of ecotourism through a meta-analysis of tourism journal publications[J]. Asia Pacific journal of tourism research，24（11）：1047-1065.

WUNDER S，2000. Ecotourism and economic incentives - an empirical approach[J]. Ecological economics，32（3）：465-479.

WYMAN M，BARBORAK J R，INAMDAR N，et al，2011. Best practices for tourism concessions in protected areas：a review of the field[J]. Forests，2（4）：913-928.

YERGEAU M E，2020. Tourism and local welfare：a multilevel analysis in Nepal's protected areas[J]. World development，127：104744.

YOUDELIS M，2013. The competitive（dis）advantages of ecotourism in Northern Thailand[J]. Geoforum，50：161-171.

ZHOU YOUBING，BUESCHING C D，NEWMAN C，et al，2013. Balancing the benefits of ecotourism and development：the effects of visitor trail-use on mammals in a Protected Area in rapidly developing China[J]. Biological conservation，165：18-24.

ZONG CHENG，CHENG KUN，LEE CHUN-HUNG，et al，2017. Capturing tourists' preferences for the management of community-based ecotourism in a forest park[J]. Sustainability，9（9）：1673.

ZURICK D N，1992. Adventure travel and sustainable tourism in the peripheral economy of Nepal[J]. Annals of the Association of American Geographers，82（4）：608-628.

安超，2015. 美国国家公园的特许经营制度及其对中国风景名胜区转让经营的借鉴意义[J]. 中国园林，31（2）：28-31.

白宇飞，2010. 关于在世界文化和自然遗产地开展特许经营的探讨[J]. 中国商贸，2010（19）：255-256.

保尔森基金会国际独立评估小组，2019. 三江源国家公园（试点）国际评估报告[R]. 北京：保尔森基金会.

陈涵子，吴承照，2019. 社区参与国家公园特许经营的模式比较[J]. 中国城市林业，17（4）：

53-57.

· 陈建伟，2020. 网围栏与草原动物保护[J]. 人与生物圈，（5）：87-91.

· 陈杰，2010. 对玉树震后建设高原生态旅游城市的思考[J]. 生态经济，（8）：169-171.

· 陈朋，张朝枝，2019. 国家公园的特许经营：国际比较与借鉴[J]. 北京林业大学学报（社会科学版），18（1）：80-87.

· 旦周嘉措，2013. 旅游产业发展与金融支持——以青海省玉树藏族自治州为例[J]. 青海金融，（1）：57-59.

· 杜发春，2014. 三江源生态移民研究[M]. 北京：中国社会科学出版社.

· 国家统计局农村社会经济调查司，2020. 2019中国县域统计年鉴（乡镇卷）[M]．北京：中国统计出版社：661.

· 何梅青，莫斐，2014. 基于国家公园理念发展玉树地区生态旅游[J]. 青藏高原论坛，2（3）：30-33.

· 金轲，2020. "一刀切"围栏封育不利于草原恢复[N]．中国科学报，2020-11-10（03）.

· 卡麦兹，2009. 建构扎根理论：质性研究实践指南[M]. 边国英，译. 重庆：重庆大学出版社.

· 兰措卓玛，2014. 后现代主义视角下的生态旅游内涵阐释——以青海玉树地区为个案地研究[J]. 青海社会科学，（6）：196-199.

· 刘丙万，蒋志冈，2002. 青海湖草原围栏对植物群落的影响兼论濒危动物普氏原羚的保护[J]. 生物多样性，10（3）：326-331.

· 刘红，2013. 三江源生态移民补偿机制与政策研究[J]. 中南民族大学学报，33（6）：101-105.

· 祁进玉，2014. 三江源自然保护区的生态移民异地安置模式及其影响初探[J]. 环境与经济研究，2（3）：11-17.

· 史湘莹，2022. 三江源国家公园雪豹保护生态经济系统耦合模型研究[D]. 北京：北京大学.

· 苏海红，2016.中国三江源区城镇化与生态环境耦合发展路径研究[J].青海社会科学，(1):47-52

· 苏杨，2004. 改善中国自然保护区管理的对策[J]. 绿色中国，（18）：25-28.

· 王建军，姚冰湜，2010. 对玉树灾后重建发展高原特色旅游业的思考[J]. 青海社会科学，（4）：90-93.

· 王兰英，2013. 青藏高原城市化方向：高原生态旅游城市——以青海省玉树藏族自治州为例[J]. 经济研究参考，（1）：26-31+80.

· 肖凌云，程琛，万华伟，等，2019. 三江源地区雪豹保护优先区规划[J]. 生物多样性，27（9）：943-950.

· 杨锐，庄优波，赵志聪，等，2015. 国家公园与自然保护地研究[M]. 北京：中国建筑工业出版社.

· 杨锐，庄优波，赵志聪，等，2019. 中国国家公园体制建设指南研究[M]. 北京：中国建筑工业出版社.

· 杨学武，2000. 让"三江源"生态旅游资源帮玉树富起来[J]. 民族团结，（8）：50-51.

· 张海霞，吴俊，2019. 国家公园特许经营制度变迁的多重逻辑[J]. 南京林业大学学报（人文社会科学版），19（3）：48-56+69.

· 张海霞，2018. 中国国家公园特许经营机制研究[M]. 北京：中国环境出版集团.

· 张晓，2008. 政府特许经营与商业特许经营含义辨析[J]. 中国科技术语，（3）：42-43+50.

· 赵智聪，王沛，许婵，2020. 美国国家公园系统特许经营管理及其启示[J]. 环境保护，48（8）：70-75.

· 郅振璞，周东平，陈沸宇，等，2010. 把玉树建成高原生态型商贸旅游城市[N]. 人民日报，2010-05-05（006）.

· 中华人民共和国民政部，2016. 中华人民共和国政区大典：青海省卷[M]. 北京：中国社会出版社：422-423.

附录

附录A   三江源国家公园生态旅游特许经营试点社区影响调研框架

方法	调研项目	调研内容
结构式访谈	受访者基本信息	所在村社、受访者姓名、年龄、受访者本人受教育程度、子女教育水平、常住家庭成员、住房条件与车辆情况等
	家庭收入	草场补贴、管护员工资、精准扶贫、草场出租、采挖虫草、采挖知母、捡鹿角、卖牦牛或畜产品、自然体验项目收益*、其他补贴或收入
	家庭消费	购买新车、车辆租赁与维修、油费、看病和买药、子女教育、购买食品、维修房屋、购买和更换手机、通信费开销、服装鞋帽及日常用品、宗教活动（前往寺院、外出转山、请僧人来家中念经等）、购买牲畜、牲畜保险、牲畜补饲与医药、草场租赁、其他（购买烟酒、婚丧礼金、宴请宾客等）
	自然资源利用情况	草场面积、牲畜数量、当年搬草场的时间（及原因）、宰牛数量、生小牛数量、卖出牦牛数量、种植作物、草库伦的使用情况、草场围栏设立情况
半结构式访谈+参与式观察	搬迁决策	1. 每年往返县城的次数／每年往返玉树州的次数； 2. 在县城或其他地方是否购买了土地或住房？ 3. 出于何种目的购置房屋，多久过去居住（或是否希望将来购置住房）？ 4. 是否有移居城镇的打算？如计划搬走，对牧区房屋和草场如何处理？ 5. 希望孩子将来移居城镇还是留在牧区？ 6. 近几年周边牧户搬迁情况
	对野生动物的态度	1. 喜欢和讨厌的动物分别有哪些？为什么？ 2. 认为食草动物与家畜是否存在竞争？如何看待食肉动物捕食家畜？如何处理被咬死的牦牛尸体？ 3. 自家遭遇人兽冲突的情况，目前采取了哪些防范措施，是否有效？
	社会文化生活与公共事务参与程度	1. 家中是否有共产党员或有人担任村社职务？ 2. 每年参加各类会议、选举、活动等的情况； 3. 参加村社公共活动（如赛马节、法会等）的情况； 4. 参与宗教活动（去寺庙/转山）的频率
	对国家公园和生态旅游特许经营的理解**	1. 是否赞成外来人进入国家公园？是否能接受他们在自家草场上活动？ 2. 由什么人（外来公司/乡政府/本地居民）在昂赛组织开展旅游经营活动最为理想？为什么？ 3. 是否知道国家公园特许经营？ 4. 对本村私营度假村的了解程度和参与意愿
	对自然体验项目的看法**	1. 是否了解自然体验项目及社区收益分配制度？ 2. 认为参与自然体验项目（成为接待家庭）应当具备什么样的条件？ 3. 是否希望自己家成为接待家庭？愿意进行哪些方面的投入？ 4. 认为自然体验项目的社区公共基金部分应当如何使用？
	参与自然体验项目的感受*	1. 成为自然体验向导/接待家庭成员后，自己的生活有哪些改变？ 2. 游客对野生动物和自然环境是否产生过直接影响？什么样的游客是心目中理想的游客？ 3. 参与项目过程中进行过哪些方面的投入？（参与成本） 4. 在接待自然体验者的过程中，是否得到过来自其他家庭的帮助？ 5. 对自然体验社区管理员的看法（心目中理想的管理员候选人）。 6. 做社区管理员有哪些困难？希望得到哪些帮助？*** 7. 如项目规模扩大，新加入的接待家庭应当具备什么样的条件？ 8. 认为自然体验项目社区公共基金该如何使用？

注：*为仅针对接待家庭成员的问题，**为仅针对非接待家庭成员的问题，***为仅针对社区管理员的问题。

附录B　三江源国家公园生态旅游特许经营试点体验者反馈问卷

尊敬的自然体验者:

您好!此次问卷调查旨在评估和研究昂赛大猫谷自然体验项目,为提高体验服务和进行学术研究提供参考。此项调查涉及的个人信息绝不对外公开,希望您能够如实填写,您的配合对我们的评估和研究很重要。非常感谢您的支持与合作!

(注:带*为必填项,其他为选填项)

1. 个人基本信息*

姓名		联系方式	
性别		籍贯	（国家）　　　省　　　市
年龄		常住地	
受教育程度	1）小学及以下；2）初中；3）高中；4）本科；5）硕士；6）博士及以上		
就业状态	1）在职；2）退休；3）学生；4）其他		
现在或退休前从事职业（学生请按专业方向选择或填写,高中及以下不用填写）：			
1）媒体；2）专业技术人员；3）服务人员；4）教育与科研从业者；5）公益性行业从业者；6）政府工作人员；7）商业经营者；8）农业从业者；9）军人；10）旅行社或自然教育从业者；11）艺术或相关行业从业者；12）其他			

2. 个人与家庭收入

a. 您个人的月收入:

1）3000元及以下；2）3000元～6000元；3）6000元～10 000元；

4）10 000元～30 000元；5）30 000元以上

b. 您的家庭月收入（包括退休收入）为:

1）5000元及以下；2）5000～10 000元；3）10 000～30 000元；

4）30 000～10 000元；5）100 000元以上

3. 出游习惯与兴趣爱好

a. 过去1年中,旅行（离开常住地超过一天）的次数与时间:　　　　次,共计　　　　天;

b. 过去5年中,来青海旅行次数:　　　　次,共计　　　　天。

c. 您对于深入自然环境的兴趣主要在哪方面？（可多选）

1）无特别偏好；2）兽类；3）鸟类；4）植物；5）两栖爬行动物；

6）水生动物；7）昆虫；8）自然和地质风景；9）人文景观和文化体验；

10）户外运动_____；11）野生动物与风光摄影；

12）自然保护工作及实践

* d. 您从哪里获知昂赛自然体验活动及相关信息？

1）社交网络；2）朋友推荐；3）旅行社或自然教育机构组团报名；

4）媒体报道；5）相关讲座或活动；6）其他_____

e. 如果您此行的主要目的地就是昂赛大猫谷，还考虑比较了哪些目的地？

_____

*f. 吸引您来昂赛参加自然体验活动的主要原因是什么？（可多选）

1）观察野生动物；2）徒步、爬山或观赏风景；3）游牧生活体验、骑马等；

4）科学志愿者等公益性活动；5）进行科学调查和研究；6）拍摄照片或视频；

7）进行相关采访报道（请注意，5、6、7项需另行获得三江源国家公园管理局的批准方可进行）

g. 如果您是为了观察野生动物，您最希望看到哪些物种？

_____

4. 本次活动情况

*a. 本次参加自然体验活动，与您同行的人有几位？_____

*b. 您与同行者的关系为（多选）：1）家庭成员；2）朋友；3）情侣；

4）学校组织/同学；5）同事/合伙人；6）临时组团；

7）旅行社或自然教育机构组织；8）其他_____

*c. 此行是否遇见了您期待看到的物种?什么时间?在什么地点？（您可以询问向导获得具体地名）

_____

d. 本次行程（除昂赛外）已游览和预计游览的城市、景点或参与的其他活动：_____

e. 本次出行全程计划天数（包括往返交通）_____天，所需花费共计____元，其中昂赛自然体验活动费用_____元，其他交通花费_____元，食品餐饮_____元，酒店住宿_____元，服装与装备_____元，其他景点门票

_____元，其他项目_____，_____元。

5. 请填写以下对接待家庭和食宿条件的反馈表格*

项目	满意度（1~10分，10分最高）	如果此项单独收费，理想标准为	您的体验反馈及改进建议
向导		_____元/天	
车辆		_____元/天	
饮食		_____元/天	
住宿		_____元/天	

6. 请填写以下对自然体验活动内容的反馈表格*

活动类型	天数	理想收费标准	满意度（1~10分）	您的体验反馈及改进建议
寻找和观察野生动物		_____元/天		
徒步、爬山、观赏风景		_____元/天		
游牧生活体验、骑马等		_____元/天		

后　记

　　昂赛自然体验项目开展于2018年，并于2019年3月正式获批三江源国家公园特许经营权。感谢三江源国家公园管理局、杂多县人民政府、澜沧江源园区国家公园管理委员会、华泰公益基金会、北京大学自然保护与社会发展研究中心、阿拉善SEE三江源项目中心对项目开展以及相关研究工作的大力支持与慷慨资助。作为三江源国家公园体制试点工作和特许经营机制创新举措之一，昂赛自然体验项目试点的开展为实现国家所有、全民共享、世代传承的国家公园建设目标，确保自然资源的持久保育和永续利用，促进三江源地区经济发展和社会进步奠定了实践基础。

　　相比起国家公园体制试点的探索经验，昂赛自然体验项目提供的价值可能更多在于它所开启的这一场社会实验。尽管仍然存在着诸多困惑与不足，但通过与当地居民和外来体验者们在五年时间里共同做出的努力和尝试，昂赛自然体验项目得以让更多人看到在推动自然保护的同时实现社区发展的可能性。而对于居住在国家公园里的居民而言，自然体验项目带来了什么？特许经营又意味着什么？在体制试点工作不断推进的过程中，社区所扮演的角色是什么？他们对国家公园的未来有着怎样的期许？了解这些，正是完善国家公园特许经营机制的关键所在。

　　本书始自我在北京大学建筑与景观设计学院学习期间的课题研究。在与昂赛社区携手开展自然体验项目的过程中，我和山水自然保护中心的团队成员试图通过文献回顾、驻地调研与社区走访，围绕项目给社区带来的影响展开探讨。也许我们的尝试尚不能对上述问题做出明确的回答，但毋庸置疑的是，只有让当地居民充分享受到保护政策带来的生态红利，才有可能实现国家公园所提倡的全民共享。毕竟，三江源地区丰富而完整的生态资源能够保存至今，并非通过法规与制度的建立，而是得益于当地百姓千百年来的默默守护。生态多样性所带来的意义与价值，也只有通过社区居民与自然环境紧密互动的生活日常，才能传递给全社会的每一个民众。

　　在此，我要特别感谢北京大学建筑与景观设计学院李迪华老师和北京大学生命科学学院吕植老师为研究过程提供的悉心指导和无私帮助，并向昂赛乡67户受访家庭和所有为调研提供帮助的居民献上最诚挚的感激和敬意，特别是自然体验接待家庭向导和你们的家人——在一次次冗长枯燥的访谈中，你们与我分享的远不只是那些精彩的故事和动人的想法，还有新鲜的酥油茶、酸奶，热腾腾的饭菜、温暖的炉火与舒适的床铺，对于你们无私的馈赠，我永远无以为报。

谨以本书为三江源地区的自然保护与社区发展贡献一份微薄的力量。我无意揭开澜沧江源头这块"宝藏之地"闪闪发光的奥秘，我拙劣的笔触写不出它千分之一的美丽和万分之一的神秘。但我仍希望能将藏族牧人对万物生灵的爱意和保护家乡的努力呈现在更多人面前。祝福昂赛乡亲们能够在未来的日子里过上你们愿景中的美好生活，愿健康和幸福与你们一生相伴。

扎西德勒！

刘馨浓

2023年3月